海国图腾

水下幽灵
——潜水艇

牛建军　赵斌 编著

中州古籍出版社

图书在版编目(CIP)数据

水下幽灵——潜水艇/牛建军,赵斌编著.—郑州:中州古籍出版社,2014.6

(海国图腾)

ISBN 978-7-5348-4227-6

Ⅰ.①水… Ⅱ.①牛… ②赵… Ⅲ.①潜艇–普及读物 Ⅳ.①E925.66-49

中国版本图书馆 CIP 数据核字(2013)第 075927 号

出 版 社: 中州古籍出版社

(地址:郑州市经五路 66 号　邮政编码:450002)

发行单位: 新华书店

承印单位: 北京柏玉景印刷制品有限公司

开　　本: 710mm × 1000mm　1/16　　**印　　张:** 13

字　　数: 172 千字

版　　次: 2014 年 7 月第 1 版

印　　次: 2014 年 7 月第 1 次印刷

定　　价: 28.80 元

前言

潜艇，又称为潜舰，潜水艇、潜水船。是能够在水下运行的舰艇。潜艇的种类繁多，形制各异，小到全自动或一两人操作、作业时间数小时的小型民用潜水探测器，大至可装载数百人、连续潜航3-6个月的俄罗斯台风级核潜艇。按体积可分为大型、中型或小型和水下自动机械装置等。大型潜艇多为圆柱形，船中部通常设立一个垂直结构，早期称为“指挥塔”，内有通讯、感应器、潜望镜和控制设备等。如今的深海潜艇或专业潜艇常已无此设计。

在未来战争中，潜艇具有广阔的前景。光电技术新成就在潜艇上得到广泛应用，使潜艇的通信、导航进入了新阶段。核潜艇的发展趋势是低噪声、大型化，提高水下航速，加大下潜深度，增强续航能力；在武器装备上正向高质量和多功能发展。潜射导弹和鱼雷分别是弹道导弹潜艇和攻击潜艇的主要武器系统。本书以介绍各个时期、各个国家的潜艇平台为主要视角，通过纵横对比，辅之以典型战例回顾，力求使读者能够对潜艇及其作战使用有一个基本的认识。

21世纪是海洋世纪，实施海洋开发正是适应国际环境和国内发展要求的一项重大战略决策。要实施这一战略，就必须有效维护国家的海洋权益，树立国民海洋意识，这对整个国家的经济发展、社会稳定、国家安全具有重大意义。希望本书能真正帮助更多朋友插上知识的翅膀，与中国的海洋事业一起腾飞。

目录

第一章　潜艇基本知识

第二章　二战时期的潜艇

第三章　冷战时期的潜艇

第四章　当代潜艇发展纪实

第一章　潜艇基本知识

藏在水下的杀手
——潜艇

什么是潜艇

潜艇是一种可以潜入水下进行活动和作战的舰艇，也叫潜水艇，是海军的主要舰种之一。潜艇主要由艇体、动力装置、操纵系统、武器系统、导航系统、通信设备、探测系统、水声对抗设备、救生设备和居住生活设施等构成。

根据动力装置的不同，潜艇可分为常规动力潜艇和核动力潜艇（简称核潜艇）两大类，常规动力潜艇的自持力一般在45天左右，核潜艇最高纪录则达到90天。

潜艇主要执行巡逻、警戒、封锁、反潜和侦察等任务。其首选攻击对象是敌方的运输船或商船，而航母这样的大型水面舰艇由于有大量飞机和护航舰艇的保护，攻击风险较大。

潜艇的主要特点

潜艇一般具有以下特点:能利用水层掩护进行隐蔽活动和对敌实施突然袭击;有较大的自给力、作战半径和续航力,可远离基地,在较长时间和较大海洋区域以至深入敌方海区独立作战;有较强的突击能力:能在水下发射鱼雷、导弹,或者布设水雷,攻击海上和陆上目标。

潜艇的配套设备多样,技术要求很高,全世界能够自行研制并生产潜艇的国家并不多。潜艇自卫能力差,缺少有效的对空观测手段和对空防御武器;水下通信联络较困难,不易实现双向、及时、远距离的通信;探测设备作用距离较近,观察范围比较狭窄,容易受环境影响,掌握敌方情况比较困难;常规动力潜艇水下航速较低,水下高速航行时续航力极为有限;充电时须处于通气管航行状态,非常容易暴露。

潜艇的主要分类

按作战使命的不同,潜艇可分为攻击潜艇与战略导弹潜艇;按动力可分为常规动力潜艇(柴油机—蓄电池动力潜艇)与核潜艇(核动力潜艇)。按排水量分,常规动力潜艇可分为大型潜艇(2000 吨以上)、中型潜艇(600 ~ 2000 吨)、小型潜艇(100 ~ 600 吨)和袖珍潜艇(100 吨以下),核动力潜艇一般在 3000 吨以上。按艇体结构不同可分为单壳潜艇、一壳半潜艇和双壳潜艇。

潜艇的起源

1. 能够潜水的皮艇

深不可测的海底世界也是人类很早就想要探索的神秘王国。就像人类很早就渴望能插上双翅飞上蓝天一样,早在公元前 400

年至公元前300年间，波斯帝国就出现了职业潜水者。这也是世界上有记录的最早的潜水者，他们的工作主要是从破损的沉船中打捞财宝。

1578年，英国人威廉·伯恩(William Bourne)曾设计了一艘完全密封、可以潜到水下并能在水下划行的船。此船为木架结构，在木架外面蒙上了一层防水皮革，下潜时用手钳收缩舷侧从而缩小体积。

1620年，荷兰物理学家范·德雷布尔(Van Drebbel)在英国建成一艘采用铁框木架外包牛皮的潜艇。艇内装有很多的羊皮囊，只要艇员小心地打开羊皮囊让海水流入，艇就会自然下潜，一旦挤出羊皮囊内的海水，艇身就可以上浮出水面。这种羊皮囊的下沉和上浮原理同鱼腹里的鳔泡作用原理一样。据说，当时的英国国王詹姆斯一世还亲自到艇上视察过。但遗憾的是，这种靠划动桨叶作驱动的潜艇并不具备起码的海上实战价值，在当时被称为"隐蔽的鳗鱼"。

这条"鳗鱼"当时下潜的最大深度为5米，虽然没有发挥出任何实战价值，但是它的出现证明了人类进行水下航行的可能性，因此有着非常深远的意义。

2. 世界上第一艘用于战争的潜艇

戴维·布什内尔(David Bushnell)于1775年设计建成一艘单人驾驶、以手摇螺旋桨为驱动力，名为"海龟"号的木壳潜艇。它像是浮在水中的一个尖端朝天的蛋，其沉浮也是通过注排海水来控制。艇底还装有一圈重锤，遇到紧急的情况时可抛掉重锤迅速上浮。

这种能在水下以3节航速潜航30分钟的小潜艇，在问世之初就奉命参加了美国独立战争时美国对英国海军的作战行动。在1776年一个风平浪静的仲夏之夜，陆军中士埃兹拉驾驶携带着68千克火药筒的"海龟"号，悄悄潜行到停泊在纽约外港的英国皇家海军“鹰”号——一艘安装64门大炮的战列舰底部，想用固定爆炸装置来袭击这艘英国战列舰。但“海龟”号的行动没有获得预期的成功，只是在返航途中用炸药筒袭击了尾随追击的英国巡逻艇。但是，这次袭击成为世界海战史上人力驱动潜艇袭击水面战舰的首次大胆尝试。

3. 开出潜艇作战的第一炮——“亨利”号潜艇

19世纪60年代，美国的南北战争为潜艇的作战行动提供了大的舞台。这期间，蒸气动力潜艇得以问世，并创战绩。1863年10月5日夜，南军“大卫”号潜艇在查理士港外用鱼雷击伤北军“克伦威尔”号铁甲舰，成为潜艇创伤敌舰的首例行动。

潜艇击沉敌舰的首次记录则发生在1864年2月17日夜。这天夜晚，南军“亨利”号潜艇潜入查理士港，悄无声息地逼近北军“休斯敦”号巡洋舰。随着一声沉闷的巨响，“休斯敦”号舰底被潜艇外挂的水雷炸裂，庞大的巡洋舰很快沉入寂静的海底。水雷爆炸所产生的巨大冲击波也将“亨利”号震坏使其失控，被海水吸至“休斯敦”号舰底裂口处动弹不得。最终，“亨利”号潜艇及其所有艇员与“休斯敦”号巡洋舰同归于尽。

这次攻击令世界各国海军极为震惊，“亨利”号潜艇全长仅19.5米，形同雪茄，竟然能一举击沉排水量数千吨的巡洋舰。“亨利”号携带的这一枚水雷不仅炸沉了“休斯敦”号巡洋舰，同时也炸出了一个崭新的海战领地。从此，各国纷纷加大了对潜艇的研发力度。

4. 第一艘现代意义上的潜艇——“霍兰”号

潜艇作战威力巨大，因而各海军大国加速对它的研制与技术改进。1864年，法国海军建成一艘长445米的“布朗格”号潜艇，动力装置采用58.8千瓦的空气压缩机。虽然这艘潜艇在当时算是潜艇中的“巨人”，但舱内的空气仍然是很有限的。

1886年，两名美国人建造出一艘靠电力推进的“鹦鹉螺”号潜艇，其水面航速可达到 8 节。两年后，法国人也造出一艘采用电动机作推动力的“鳗鱼”号潜艇。

1897 年，美籍爱尔兰人约翰·霍兰(John P. Holland)在新泽西州造成一艘以汽油机和蓄电池电动机为驱动力的双推进动力系统潜艇，名为“霍兰”号潜艇(USS Holland SS－1)。

该艇长 15 米，排水量 70 吨，装有 33.1 千瓦汽油发动机和以蓄电池为能源的电动机。在水面航行时，以汽油发动机为动力，航速可达 7 海里/小时，最长续航距离为 1000 海里。在水下潜航时，则以电动机为动力，航速可达 5 海里/小时，续航距离为 50 海里。该艇共有 5 名艇员，艇上装有 1 座鱼雷发射管，携 3 枚鱼雷，首尾各置 1 门机关炮。“霍兰”号潜艇堪称现代潜艇的鼻祖。

“霍兰”号潜艇是现代潜艇的雏形，现代潜艇就是在它的基础上发展起来的。“霍兰”号潜艇的诞生引起了一些国家的高度关注，它们纷纷发展、建造潜艇。

到 20 世纪初，日新月异的科学技术终于造就出一代技术性能比较成熟，并具备一定作战能力的潜艇，其排水量通常有数百吨，水面航速 10 节，水下航速 6～8 节，主要武器装备有舰炮、鱼雷和水雷等。

到第一次世界大战前夕，各海军强国共拥有 260 多艘作战潜艇。一代海底“幽灵”终于在海洋深处开辟了属于它们自己的战场，成为一支不可忽视的常备作战力量。

世界大战中的潜艇

1. 第一次世界大战——潜艇创造奇迹的舞台

1914 年爆发的第一次世界大战让潜艇有了大显身手的舞台。

大战爆发之初，德国陆军和英国陆军在比利时境内进行了较大规模的地面作战。鉴于英国海军和商船队源源不断地从英伦三岛向比利时运送大批增援部队和大量作战物资，德国统帅部责成其海军出动潜艇潜入英国沿海，对具有优势的英国水面舰艇和庞大的运输船队进行袭击。

1914年9月5日，德国"U-2"号潜艇首战告捷，在福斯湾外击沉了英国"开路者"号战列舰。"U-2"号仅用一枚鱼雷就让"开路者"号上的1250多名英军官兵葬身海底。

仅仅半个月后，德国潜艇"U-9"号又创造了潜艇作战史上的一大奇迹。9月20日，3艘德国潜艇驶抵多佛尔海峡北口的预定设伏区，其中的老式潜艇"U-9"号由于导航罗盘故障而偏离了预定设伏海域。但碰巧的是，有3艘英国皇家海军的老式巡洋舰正自西北方向驶来。两天后，排水量均为12000吨，各自配备有2门234毫米主炮和12门152毫米副炮及两具鱼雷发射管的巡洋舰"艾布科"号和"克列希"号列成相距2海里的一字横阵，以10节航速驶近了"U-9"号潜伏的海域。当"艾布科"号驶入"U-9"号的鱼雷有效射程之后，德国潜艇立即对它实施了准确的鱼雷攻击。被德国鱼雷击中的"艾布科"号还以为是触到了水雷，赶忙发信号向邻舰求援。当邻舰驶近时，"艾布科"号已从海面上消失了。"U-9"号潜艇抓住战机，很快将这两艘巡洋舰也一同送入了海底，扩大了战果。

这次作战行动仅历时75分钟，"U-9"号潜艇以其大胆、果断和利索的攻击，一举击沉了英国皇家海军的3艘巡洋舰，共计达36000吨，使1600余名英国官兵葬身海底。作为海战史上以少胜多、出其不意的全胜战例的创造者，"U-9"号潜艇以其勇猛的攻击行动和辉煌战绩，有力地宣告了海上战场潜艇战时代的来临。

尝到甜头的德国海军随后在有关作战海域刮起了时停时起的"无限制潜艇战"飓风。环绕英伦三岛的大西洋战区和地中海战区成为德国潜艇肆意出没的场所，疯狂的"海底幽灵"总是出其不意地击毁英国的舰船。仅1917年前8个月,德国潜艇就吞掉了总计近300万吨的英国商船,占同期驶往英国商船的四分之一,在整个第一次世界大战期间共击沉6000余艘共计1300多万吨的商船。德国潜艇的肆意妄为,使英国人的食品储备一度仅能维持6周时间,让英国濒临战败。

然而,被来自海底捷报冲昏了头脑的德国人却做出了一个错误的决定——将正处于崛起时期的美国拖入战争。这一错误的决定使得面临惨败的英国得到了一个喘息的机会,英国政府立即在海军参谋部设置了反潜局,不久就对往返于英国的商船队采取极其严密的护航体制。英、美两国海军的联合护航与反潜行动十分奏效,1917年至1918年期间,德国海军共损失潜艇132艘。精疲力竭的德国军队终于无力招架这场四面为敌的浩大战争,德国最终战败。

2. 第二次世界大战——潜艇成为恐怖的"狼群"

1939年9月初,第二次世界大战开始后不久,英国向第一次世界大战的老对手德国宣战。为切断英国人赖以生存的海上交通运输线,德国海军潜艇部队又悄悄潜伏到了大西洋航线上。1939年10月14日,德国潜艇"U-47"号成功潜入英国海军的斯卡帕湾海军基地,将排水量近30000吨的英国"皇家橡树"号战列舰击沉。德国潜艇初战的成功立即引起英国政府的警觉,并促使英国政府对商船队实施严密的护航作战,有效地抑制了德国潜艇的进攻。

1940年秋,曾在一战中担任过潜艇艇长的德国海军元帅邓尼茨针对英国海军的护航体制,创造性地提出了著名的"狼群"战术理论,即采用潜艇集群对护航运输船队实施围歼。

"狼群"战术是现代海军潜艇作战史上最负盛名的战术,其具体内容为:若干艘潜艇编为一个战术群,在潜伏海域相对疏散进行搜索;任何一艘潜艇一旦发现敌方护航运输船队,先不急于发起攻击，而是向陆基指挥部报告并实施跟踪潜航，陆基指挥部立即电令其他潜艇向跟踪艇靠拢，然后一同对敌方护航运输船队实施联合攻击。

1940 年 10 月初，英国由 35 艘运输船、2 艘轻型巡洋舰和 1 艘护卫舰组成的“SC－7”护航船队从加拿大启航驶向英国。1940 年 10 月 17 日，刚刚驶过西经 21 度线的船队被德国“U－48”号潜艇发现并跟踪。德海军陆基指挥部获得报告后，立即电令其附近的 6 艘潜艇前去会合截击。18 日傍晚，会合的“狼群”纷纷探出海面，恶狠狠地扑向护航船队。此次攻击导致这支英国船队中的 20 余艘满载着军用物资的运输船沉入海底。1940 年 10 月 19 日清晨，德国“U－48”号潜艇又发现了尾随“SC－7”船队的英国“HX－79”护航船队正自西向东驶来。“狼群”再度合拢起来，乘着夜色对这支由 49 艘运输船、2 艘驱逐舰、4 艘护卫舰和其他 6 艘武装船只组成的船队实施猛烈的攻击，结果 12 艘英国运输船沉入海底。

不久，德国海军当局将大显神通的“狼群”战术正式列为德国海军潜艇作战的标准战术。一时间，大批“狼群”出没于大西洋海上战场甚至美国海岸，在同盟国的一支支护航船队头上笼罩了一层厚重的死亡阴影。整个第二次世界大战期间，德国海军先后投入约 1160 艘潜艇，累计击沉总吨位达 1400 万吨的英美商船，对盟军的海上交通运输线构成极大的威胁。

1943 年底以后，随着第二次世界大战形势的变化和改观，英、美两国得以抽调更多的海军航空兵力投入到大西洋战场的反潜作战中去。在以拥有空中优势的航空母舰为核心的盟军反潜兵力有力打击下，德国海军潜艇部队遭受重大损失。盟军对德国的战略轰炸行动，更是重创了德国海军潜艇作战部队依赖的强劲后援——潜艇制造工业。历时 5 年半之久的大西洋海上交通运输线之战，以德国的失败而告终，德军共损失了 780 艘潜艇。

现代潜艇在战争中的地位和作用

1. 常规战争

现代潜艇具有隐蔽性好、突击威力大、作战半径大和独立作战能力强等优点。在海战中，它不但是运输舰船的克星，而且也是大中型战斗舰艇特别是航母的可怕敌人。在第二次世界大战被击沉的42 艘航母中，有17 艘是被潜艇击沉的，占40.5%，其中潜艇单独击沉15 艘，和航空兵协同击沉2 艘；在被击伤的38 艘航母中，被潜艇击伤的为9 艘，占23.7%。

在现有的海上作战兵力中，水面舰艇、岸基航空兵均存在着作战半径有限和生存能力弱等缺点，只有当航母进入有效作战半径范围以内时才有可能对其发起攻击。而航母编队凭借着作战范围广、机动性能好的优势，在绝大多数的作战行动中配置在距作战目标较远的距离上。在这种情况下，只有潜艇才有可能对其进行突击。第二次世界大战结束后的半个多世纪里，尽管反潜兵力和武器有了很大的发展，但是广阔的海洋仍是潜艇隐蔽的有效屏障。

从北约公布的一份材料来看，冷战时期北约对华约国家潜艇的跟踪，特别是前苏联潜艇，有89%是假目标，对发现的目标能够占位攻击的占28%，而有可能攻击成功的仅占7.7%。也就是说，即使是当代最强的海军，对水下潜艇的发现、定位和攻击也不是一件容易的事情。

2. 特种作战

尽管战争形势转变，但是潜艇因其执行任务时的隐蔽性、体型规格上的灵活性和水下航行的持久性，越来越受到各国特种作战机构的青睐。

现在，潜艇已经根据不同用途发展出很多不同尺寸的型号。

在这些不同型号中，有长上百米的核潜艇，比如“洛杉矶”级核潜艇（USS Los Angeles），也有只有几米长的特殊用途潜艇比如“海豹”输送艇（SDV）。

美国“海豹”突击队等特种作战部队就装备有浅海使用的微型潜艇。它拥有体系完善、代表着当今最高技术水平的水下作战装备——“海豹”输送艇（SDV）。先进的“海豹”输送艇是电动微型潜艇，从结构上来看十分简单，外形很像一支巨大的雪茄，主要由动力系统、操纵系统、电源和供氧系统组成。但是，看似简单的结构却包含了先进的设计思想和制造技术：SDV 在研制过程中，必须解决电源的功率、电路系统的水下密封、人员的水下供氧、水下导航以及与潜艇的对接等问题，同时还必须考虑到人员的舒适、武器装备的易于携带等细节。

今天，我们看到的 SDV 是经过多次改进的成熟产品，其中数量最多的是 Mk8 型。Mk8 型 SDV 长约 6.7 米，直径约 1.8 米，使用电力推进，水下航速约 6 节，最大航程约为 60 海里，乘员 2 人，载员 4 人，正好可以运载一个全副武装的“海豹”战斗小组。Mk8 具有先进的罗盘和惯性导航系统，后来的部分艇还安装了水下 GPS 接收机，可以在水下更加精确地导航与定位。Mk8 可以由军舰运送，也可以搭载在核潜艇上，还可以由运输机输送，使用非常灵活。

潜艇的发展方向

随着科学技术的发展和反潜作战能力的不断提高，潜艇的战术、技术性能也在进一步提高。在未来，潜艇的发展主要有以下几个方面。

· 发展艇体“隐身”“降噪”技术，提高隐蔽性。

· 研制超耐压材料，增大下潜深度。

· 发展大功率核反应堆技术，提高水下航速；延长堆芯使用寿命，提高续航时间。

·常规动力潜艇主要增大电池容量，研制性能良好的氢氧燃料电池、钠硫电池和超导电机，以提高水下机动性。

·装备高效能的综合声呐、拖曳声呐和水声对抗设备，增大水下探测距离和提高水声对抗能力。

·提高导弹的射程、命中精度和打击威力，增加分导多弹头等抗反导能力。

·提高鱼雷的航速、航程和航深，并使其实现智能化。

·进一步提高驾驶、探测、武器和动力等系统以及其他设备的自动化水平。

潜艇的性能指标

潜艇的排水量

排水量是指船舶在水中所排开的同体积水的重量，是用来表示船舶尺寸大小的重要指标。根据阿基米德定律，一个物体在水中受到的浮力等于被它排出的水的重量，也就是与船体浸入水中体积相同的水的重量，这就是船的排水量。即可得出下列公式：排水量（浮力）= 船自身的重量 + 满载时货物的重量（所受的重力 = 浮力）。

对于水面船只来说，排水量可分为轻载排水量、标准排水量、正常排水量、满载排水量和超载排水量几种。

·轻载排水量

又称轻排水量或者空载排水量，是指船舶本身加上船员和必要的给养物品三者重量的总和，是船舶最小限度的重量。对于运输船舶来说是没有装货物、旅客、燃料、淡水和供应品等状态下的排水量。对于军舰来说，它包含舰体、机器和武器装备，但不包含人员、燃油、润滑油、弹药、给养、淡水和备用锅炉水等。

·标准排水量

包含舰体、机器、武器装备、人员、弹药、给养和淡水，但不包含燃油、润滑油和备用锅炉水的船舶排水量。

·正常排水量

为标准排水量再加上半数的燃油、润滑油和备用锅炉水等，主要描述出厂航行试验时的状态。

·满载排水量

又称重排水量，是船舶载客、载货后吃水达到最高载重线时的重量，即船舶最大限度的重量。对于运输船舶来说是船舶装足货物、旅客、燃料、淡水和供应品，并具有规定的安全干舷时的排水量。船在满载吃水下的排水量称为满载排水量，相应的水线为满载水线。它等于标准排水量再加上燃油、润滑油、备用锅炉水等，保证达到全速或规定续航力。

·超载排水量

又称最大排水量，为满载排水量再加上装满所有储藏空间的备用燃油、润滑油和备用锅炉水时的总排水量。

但潜艇的排水量与其他水面舰船的排水量说法不同，主要分为水面排水量与水下排水量两种。水面排水量是指潜艇处于水面静止或水面航行状态时的排水量，此时潜艇的排水量等于潜艇自身的重量；水下排水量是指潜艇处于潜航状态时的排水量，此时潜艇的排水量等于潜艇自身的重量加上压载水舱内压载水的重量。

潜艇的航速

航速指舰船在单位时间内所航行的距离。以海里/小时为单位，简称节，是舰艇最重要的战术技术性能之一，通常用计程仪测定。水面舰艇的航速分为最大航速、全速、巡航航速、经济航速和最小航速。最大航速指主动力装置以最大功率运转时达到的速度;全速指主动力装置以额定总功率运转时达到的速度;巡航航速是舰船巡航时常用的速度,通常同型舰船规定一种主机航速作为巡航航速;经济航速指燃料消耗最小时的速度;最小航速指船舵仍能发挥操纵作用时的最低速度。

潜艇航速分为水上航速、水下航速和通气管航速(使用柴油机水下作业装置时的航速)等,虽然叫法不一样.但是对于航速的算法和水面舰船是一样的。

潜艇隐身性能

潜艇在水下活动,由于有海水作掩护,侦察飞机、侦察卫星都难以发现它的行踪。但是,潜艇航行时发动机和螺旋桨发出的声音、庞大身躯对声波的反射,会使潜艇很容易成为声呐捕捉的目标。不仅如此,潜艇的潜望镜必要时对水面进行观察,常规动力潜艇的通气管不时伸出水面吸进空气,虽是“蛛丝马迹”,也会使敌搜索雷达有可乘之机。何况常规动力潜艇还需定时浮出水面,用柴油机推进同时给蓄电池充电(大约占巡逻时间的20%),会大大降低其隐蔽性。

为了提高潜艇的生存能力,各国也纷纷开始重视起了潜艇隐身技术的发展。潜艇的隐身措施主要从以下几个方面实现。

·控制潜艇自身发出的噪声

目前,侦察潜艇的主要设备是声呐,因此只要控制潜艇自身发出的噪声,就会取得显著的隐身效果。主要的措施有采用低噪声发动机和传动装置、选用多桨叶螺旋桨或导管螺旋桨、采用喷水推进和磁流体推进装置等。

·在艇体外贴吸声材料

这种方式既可吸收潜艇自身的噪声,又可吸收敌方主动声呐的声波。好的吸音材料可使声呐探测能力降低50% ~75%,是一种有效的降噪措施。目前采用的吸声材料主要有消音瓦和橡胶护皮。

·涂敷吸波材料

在潜艇指挥台围壳、潜望镜和常规潜艇的通气管涂敷吸波涂层,可减小雷达波的散射面积。如果再增加主动式电子干扰,可使对方雷达探测距离缩短90%左右。

·发展不依赖空气的动力装置(AIP)

20世纪90年代中期,不依赖空气的常规潜艇动力装置问世,这种动力装置可以让常规动力潜艇在低航速航行时的水下续航力从几小时增至几周。AIP潜艇不必为蓄电池充电经常浮出水面,大大提高了隐蔽性能。

潜艇的自持力

自持力也称自给力,指舰艇一次装足按设计要求规定的燃料、淡水、食品(潜艇还包括氧气再生药板等),中途不补给,所能连续在海上活动的最长时间。自持力是舰艇战术技术性能的要素之一,以昼夜为单位计量。在舰艇设计建造时,根据舰艇的使命、活动海区和战斗使用方式等因素,会在战术技术任务书中明确标定其自持力。

舰艇自持力的一般范围是:潜艇60 ~90昼夜;巡洋舰、航空母舰等大型军舰30 ~80昼夜;驱逐舰10 ~30昼夜;登陆作战舰艇3 ~30昼夜;护卫舰5 ~15昼夜;扫雷舰、猎潜艇5 ~10昼夜;导弹艇、鱼雷艇、护卫艇2 ~7昼夜。

自持力是衡量舰船性能的重要指标之一,对军事作战而言更为重要,自持力的优劣决定着军舰连续作战控制海域的能力。

潜艇的下潜深度

下潜深度即潜艇在水中所能够到达的最大深度，是潜艇的一个重要性能指标。

潜艇在下潜过程中有很多障碍。首先，在水中每下潜 10 米左右就会增加 1 个大气压，下潜越深会承受越大的压强，对潜艇艇身的耐压要求就越高。其次，下潜到一定的深度之后，海洋中有很多物理过程，比如海洋内波。历史上就发生过潜艇因海洋内波的作用被挤压变形的例子。还有，潜艇下潜并不是像在水中丢入一块石头一样关掉发动机任其下沉，其在下潜过程中还要有动力的支持。

另外，潜艇上的电磁波在水中不能用于远距离传播。随着深度的增加，声呐在传播过程中会受种种干扰，给其控制带来较高的要求。因此，潜艇的下潜深度不单是艇身抗压能力的一种反映，对潜艇的动力系统和电子设备系统都是巨大的考验。

潜艇的下潜和上浮原理其实很简单。潜艇自身重力超过其浮力，潜艇就下潜：反之上浮；潜艇浮力和自身重力相等时，潜艇就悬浮在某个深度。但这不过是个原理，具体实施起来却要复杂得多。其中最典型的一点就是在下潜和上浮中，如何保持这个巨大有形容器的平稳。为此，潜艇除了要应用艇首舵或者围壳舵配合尾舵来控制上浮、下潜机动，还要通过设置不同部位压载水舱排水或者进水来调整潜艇的姿态。

潜艇所载的主要武器

弹道导弹

弹道导弹是指在火箭发动机推力作用下按预定程序飞行,关机后按自由抛物体轨迹飞行的导弹。这种导弹的整个弹道分为主动段和被动段。主动段弹道是导弹在火箭发动机推力和制导系统作用下,从发射点起到火箭发动机关机时的飞行轨迹;被动段弹道是导弹从火箭发动机关机点到弹头爆炸点,按照在主动段终点获得的给定速度和弹道倾角作惯性飞行的轨迹。

弹道导弹按作战使用分为战略弹道导弹和战术弹道导弹;按射程分为洲际、远程、中程和近程弹道导弹;按发射点与目标位置分为地地弹道导弹和潜地弹道导弹。潜艇所使用的弹道导弹就是潜地导弹,美国“红石”导弹(PGM－11 Redstone)、俄罗斯“飞毛腿”导弹(R－11/R－300 Elbrus)等都是现代武器家族中典型的弹道导弹。

巡航导弹

巡航导弹是指依靠喷气发动机的推力和弹翼的气动升力,在稠密大气层内主要以巡航状态飞行的导弹(旧称飞航式导弹)。

巡航状态即导弹在火箭助推器加速后,主发动机的推力与阻力平衡,弹翼的升力与重力平衡,以近于恒速、等高度飞行的状态。在这种状态下,单位航程的耗油量最少。其飞行弹道通常由起飞爬升段、巡航(水平飞行)段和俯冲段组成。从陆地、水面或水下发射的巡航导弹,由助推器推动导弹起飞,随后助推器脱落,主发动机(巡航发动机)启动,以巡航速度进行水平飞行。当接近目标区域时,由制导系统引导导弹,俯冲攻击目标。从空中发射的巡航导弹,投放后下滑一段时间,发动机启动,开始自控飞行,然后攻击目标。

巡航导弹可从地面、空中、水面或水下发射,攻击固定目标或活动目标,既可作为战术武器,也可作为战略武器。巡航导弹具有体积小、重量轻、便于各种平台携载等特点。海军攻击型核潜艇一般可垂直携载12枚巡航导弹,并可抵近敌沿海发射,因而可纵深打击1300~2500千米的重要军政目标。美国的"战斧"导弹(BGM-109Tomahawk)就是一种著名的巡航导弹。

反潜导弹

反潜导弹是指从水面舰艇或潜艇发射的主要由于攻击潜艇的导弹。反潜导弹按发射平台可分为舰用反潜导弹和潜用反潜导弹;按弹道方式分为弹道式和飞航式。

反潜导弹主要由运载壳体、动力装置、制导系统和战斗部等部分组成。其战斗部有两类:一类是以自导鱼雷作为战斗部的反潜导弹,也称"火箭助飞鱼雷";另一类是以深水炸弹为战斗部的反潜导弹。与反潜鱼雷相比,反潜导弹具有速度快、射程远等优点,是现代海上舰艇的重要反潜武器。

鱼雷

鱼雷是一种可从舰艇、飞机上发射,发射后可自己控制航行方向和深度,遇到舰船只要一接触就爆炸的水中兵器。现代鱼雷具有航速快、航程远、隐蔽性好、命中率高和破坏性大的特点,可以说是"水中导弹"。它的攻击目标主要是战舰和潜艇,也可以用于封锁港口或狭窄水道。

鱼雷雷身形状似柱形,头部呈半圆形,以减少航行阻力。一枚鱼雷由前段(雷头)、中段(雷身)和后段(雷尾)3部分组成:前部雷头装有炸药和引信，中部雷身装有导航及控制装置，后部雷尾装有发动机和推进器等动力装置。鱼雷的动力系统能源为燃气和电力等。

根据作战的不同需要，鱼雷分为大、中、小3种类型。直径533毫米以上的为大型鱼雷，直径在400~450毫米之间的为中型鱼雷，直径324毫米以下的为小型鱼雷。鱼雷主要用舰船携带，必要时也可以用飞机携带。在港口和狭窄水道两岸，也可以从岸上发射。鱼雷在水中航行的速度通常在70~90千米/小时。

鱼雷在水中的运动受到重力和浮力的共同作用：若重力大于浮力，沿水平方向发射的鱼雷将像石子那样向斜下方运动；若重力小于浮力，它将像氢气球那样向斜上方运动。要使鱼雷瞄准目标沿一定方向运动，必须使浮力和重力大小相等，恰当地选择鱼雷的体积，可以调整重力和浮力的关系。所以，体积是鱼雷的一个重要技术指标。

水雷

水雷是布设在水中的一种爆炸性武器，它可由舰船的机械碰撞或由其他非接触式因素（如磁性、噪音、水压等）的作用而起爆，用于毁伤敌方舰船或阻碍其活动。水雷具有价格低廉、威力巨大、布放简便、发现和扫除困难、使用灵活等特点。

水雷的施放方式多种多样，即可以由专门的布雷艇施放，又可以由飞机、潜艇等施放，甚至可以在本方控制的港口内手工施放。其造价十分便宜（也有造价达上百万美元的水雷，以小型导弹或鱼雷作为战斗部），一般来说，清除水雷的成本是铺设水雷的10~200倍。时至今日，一些第二次世界大战时铺设的水雷由于排除成本高等原因仍未被清除。

水雷的引爆方式主要有以下几种。

·接角引爆

当物体与水雷碰撞,触发内部的炸药而达到攻击的目的。接触引信是最早用于水雷的设计,同时也是早期水雷共同使用的引爆手段。

·压力引爆

无论是水面上的船只还是水中的船只,都会对下方区域产生压力,排水量越大的船只,影响越显著。压力引爆属于非接触性的一种,当船只通过的时候,水雷内部的传感器在判断压力发生变化时就会启爆。由于不需要与船只接触,只要通过水雷附近都可能引发,有效范围较大。有的压力引爆水雷还可以对压力范围进行设定,从而有针对性地打击敌人的船只。

·声响引爆

船只在运动的时候难免会发出声响,尤其是动力系统发出的声响。音响引信利用船只发出的声音信号作为引爆的依据,不需要与物体有直接的接触,有效范围较大。较为精密的设计还可以针对特定的信号来源。

·磁性引爆

绝大多数的船只由钢材等金属材料建造,当船只通过水雷附近区域时,周遭的磁场会受到干扰而产生变化,水雷利用内部的传感器判读磁场的变化来决定引爆的时机。该引爆方式的有效范围较大,但是在磁场不稳定的区域可能无法有效工作或者发生意外爆炸。对于磁性触发,舰艇通常采用消磁手段以减少触发范围。

·数目引爆

这是一种较为精密的非接触引信设计,在综合前述引信优点的基础上加上了数目记忆的功能。也就是水雷不会在侦测到第一个符合引爆设定的目标时就启动引信,而是记录侦测到的目标数目，直到累积的数量与预先设定相符合的时候才启动。这种引信可以避开一些扫雷的手段，以达到欺骗的效果。

· 遥控引爆

以防御性质部署的水雷可以利用有线或是无线遥控的方式，由岸上或是船上的管制中心在适当的时机引爆，其中又以有线的方式最常使用。这种引爆方式只有在收到指定的信号时才会爆炸。

现在有的水雷还综合了上述引爆方式的几种于一身，即可以根据实际情况灵活选择不同的引爆方式，被称为综合引爆方式水雷。

潜艇的相关技术

动力系统

1. 常规动力

常规动力是早期潜艇所使用的动力系统，即使现在，常规动力也被很多潜艇采用。早期曾经尝试过作为潜艇动力来源的有压缩空气、人力、蒸汽、燃油和电力等。而真正成熟的第一种潜艇是以柴油机配合电动机作为共同的动力来源，这也是真正成熟的常规动力系统。所以常规动力也被称为柴电动力。

第一次世界大战之前，潜艇开始使用柴油机配合电动机作为潜艇的动力来源。这种动力是第一种潜艇用机械动力。柴油机负责潜艇在水面上航行以及为电瓶充电。在水面下，由于空气的原因，潜艇使用预先储备在电瓶中的电力航行，以解决柴油燃烧没有空气支持的问题。由于电瓶能够储存的电力必须提供全舰设备使用，因此即使采取很低的速度，也无法在水下长时间航行，必须浮上水面充电。

第二次世界大战中荷兰研制的呼吸管使得潜艇的潜航能力增强,其后由德国进一步改良并首先使用在他们的潜艇上面。呼吸管的基本构造很简单,就是一个可以伸长的通气管,将外界的空气引导至柴油发动机,产生的废气也经呼吸管排送出去,另外再附加防止海水进入以及将进入的海水排除的管线。通过使用呼吸管可以让潜艇在潜望镜深度下使用柴油机,这样潜艇不必完全上浮即可补充电力。

2. 核动力

核动力是继柴电动力之后发展的又一种动力,也是未来潜艇动力系统的主要发展方向。核动力的原理是通过核子反应炉产生的高温让蒸汽机产生蒸汽之后驱动蒸汽涡轮机,带动螺旋桨或者发电机产生动力。最早成功在潜艇上安装核子反应炉的是美国海军的“鹦鹉螺”号潜艇(USS Nautilus SSN－571,与1886年的“鹦鹉螺”号潜艇不是同一艘)。

核动力潜艇相对于常规动力潜艇具有动力输出大、续航时间长、速度快等优点。但核动力潜艇却有技术难度大、稳定性差、建造费用高、噪音大以及维护要求高的缺点。常规动力潜艇和不依赖空气推进技术(Air－Independent Propulsion,AIP)的发展,使核动力已经不再是先进潜艇动力的唯一标准。

3. AIP 系统

AIP 即英文 Air－Independent Propulsion 的缩写,是指不依赖空气推进。1930年,德国沃尔特(Walter)博士提出以过氧化氢作为燃料的动力机系统。经过数年的研究和试验,在第二次世界大战末期,沃尔特发明了“沃尔特式动力机”。原理是通过燃烧过氧化氢推动内燃机工作。由于过氧化氢燃烧反应产生氧气,所以不需要额外空气。但是早期的沃尔特式动力机并不可靠,过氧化氢容易发生自燃反应。因此,德国只生产了几艘以过氧化氢为动力的潜艇。

第二次世界大战之后，许多国家开始研究其他可能替代的动力来源，以延长潜艇在水下持续作业时间，采用柴油机与电动机加上电瓶的搭配。但是，在潜艇中携带了氧化剂或者是其他不需要氧气助燃的设备，如此一来可以在水面下驱动柴油机进行充电，或者是由新的动力来源为电瓶充电与驱动电动机。

尽管不依赖空气推进大大提高了柴电动力潜艇的能力，但由于过氧化氢等氧化剂的稳定性差，使其安全性常被质疑。实际上，无论早期沃尔特试验还是第二次世界大战后美国、苏联的深入研究，都出现了或多或少的事故以及问题。

现代不依赖空气推进装置类别主要为空气封闭柴油机、斯特灵闭式动力机、闭式循环汽轮机和燃料电池等。

潜艇的电子设备系统

航母的电子设备系统主要包括导航探测系统和通信系统两大类。

1. 导航探测系统

导航系统包括磁罗经、陀螺罗经、计程仪、测深仪、航迹自绘仪、六分仪、自动操舵仪、无线电、星光、卫星和惯性导航设备等。惯性导航系统能连续准确地提供潜艇在水下的艇位、航向、航速和纵横倾角等信息。“导航星”全球定位系统使用后，潜艇在海上瞬间定位精度可在10米左右。

探测设备主要有潜望镜、雷达、声呐以及雷达侦察告警接收机。潜艇在水下将潜望镜的镜头升出水面，可用目力观察海面、空中和海岸情况，测定目标的方位、距离和测算其运动要素。通过雷达升降天线能在水下一定深度测定目标的方位、距离和运动要素，保证潜艇航行安全，对水面舰船实施鱼雷或导弹攻击。雷达侦察告警接收机的天线采用专门的升降桅杆或寄生于其他升降装置上，保证潜艇在潜望镜航行状态时对敌方雷达的侦察告警。声呐是潜艇水下活动时的主要探测工具，分为噪声声呐和回声声呐。噪声声呐能对舰船进行被动识别、跟踪、测向和测距；回声声呐能主动测定目标的方位、距离和运动要素。除此之外，还有探雷声呐、测冰声呐、识别声呐和声线轨迹仪等。

2. **通信系统**

通信系统主要包括短波和超短波收发信机、超长波收信机、卫星通信和水声通信设备等。潜艇向岸上指挥所报告情况主要利用短波通信，接收岸上指挥所电信主要用超长波收信机，同其他舰艇、飞机或沿岸实施近距离通信联络主要利用超短波通信。潜艇可以利用升降天线在一定深度收信，若使用拖曳天线，能在较大深度收信。卫星通信可使潜艇通过卫星与岸上指挥所实施通信，通信距离远。水声通信用于同其他潜艇、水面舰艇的水下通信和识别。为保证通信的隐蔽性，潜艇一般采用单向通信方式，使用超快速通信系统，能使潜艇在极短的瞬间向岸上指挥所发信。

水声对抗设备主要有侦察声呐和水声干扰器材等，侦察声呐用于侦察目标主动声呐发出的声波信息及其技术参数。水声干扰器材主要有水声干扰器、水声诱饵（潜艇模拟器）和气幕弹，用于压制、迷惑、诱开敌方声呐的跟踪或鱼雷的攻击。

潜望镜

潜望镜是指从海面下伸出海面或从低洼坑道伸出地面，用以窥探海面或地面上活动的装置。其构造与普通地上望远镜相同，只是另加了两个反射镜使光线产生两次反射而最终到达观察者的眼中。潜望镜常用于潜艇、坑道和坦克内，用以观察敌情。

自出现以来，潜望镜就一直作为潜艇的一个重要设备。潜望镜让潜艇在不完全露出水面的情况下也能很好地观察水面的情况。

潜望镜是处于水下航行状态的潜艇观察海平面和空中情况的唯一手段，大多数潜艇都安装有两部潜望镜——1 部攻击潜望镜和 1 部观察潜望镜。前者用于发现和瞄准水面目标，而后者主要用于观察海空情况和导航观测。潜艇在浮出水面前，艇长必须指挥潜艇在潜望镜深度先用潜望镜对海平面作一次 360°的观察，以求尽早发现可能出现的敌情。通常只有在确认没有任何威胁的情况下，潜艇才会浮出水面。

潜望镜的主要部件是一根长钢管桅杆，可升至指挥塔外 5 米高的位置，两端都安装有棱镜和透镜并可将潜望镜的视野放大至 1～6 倍。潜望镜的使用有两个很明显的问题。最主要的就是震动问题。当潜望镜完全升起时，细长的潜望镜桅杆会影响潜艇的正常航行，造成横向的不稳定。当潜艇航速超过 6 节时，潜望镜桅杆会产生巨大的震动而完全无法使用。后来潜艇上安装了附加的桅杆支架，潜望镜顶端的形状也重新设计改进以减少水波阻力。尽管未能完全消除震动，但有了很大改善。另外一个重要问题是潜望镜镜片产生的雾气。因为潜艇内部空气潮湿，潜望镜的镜片多会产生雾气，所以潜望镜在设计制造时就必须尽量做到防水和密封。而潜艇在遭受深弹攻击时很容易使潜望镜的密封结构受损，从而导致雾气的产生。

观察潜望镜有一个可配合潜望镜升降杆运动的座位和踏板，主要用于潜艇上浮之前的海空观察和航向确认；而攻击潜望镜没有，其主要用于敌情观察、目标测距和攻击方位角度计算。同时，观察望远镜在夜间观测能力上也更胜一筹。

随着潜望镜技术的发展，现代的潜望镜制造商应用微光夜视、红外热成像、激光测距、计算机、自动控制、隐身等光电技术的最新成果，开发出新一代光电潜望镜。以 2003 年德国研制的最新一款 SERO 400 型潜望镜为例，其主要技术性能包括：俯仰范围

-15°～+60°,1.5 倍、6 倍和 12 倍三种放大倍率;高精度的瞄准线双轴稳定;潜望镜入瞳直径＞21 毫米;潜望力约 12 米。它能配置多种摄像机和传感器,如数码摄像机、微光电视摄像机、彩色电视摄像机、热像仪和人眼安全型激光测距仪等,供潜艇指挥员根据实战需要选用;还能把视频信号实时提供给作战系统监视器,实现同步观察。潜望镜系统的串行接口可供不同的作战系统控制台实现遥控操作。该潜望镜系统在昼光和夜间条件下有相当好的观察效果,能有效监视海面和海空、收集导航数据、搜索和识别各种海上目标,观察到的图像还可以以录像的形式回放。

潜艇的求救方式

对于长时间在水下几百米深处潜行的潜艇来说,任何小事故都有可能导致艇毁人亡。因为在这个世界里,任何艇员离开了潜艇的保护,都会因为承受不住巨大的水压而瞬间死亡。但一台巨大钢铁机器,出现各种故障在所难免。特别是携带有各种巨大杀伤力鱼雷、导弹之类武器的潜艇,如果遇到意外爆炸,后果是非常可怕的。

为了避免潜艇在遇到这些意外事故时无法向外界发出信息,现代潜艇都设计了多种求救方式。

求救浮标

求救浮标是潜艇发生事故时最常用的一种求救方式。每一艘潜艇上都配备了一个或者几个求救浮标,其原理和钓鱼用的浮标没有什么区别,只是潜艇的求救浮标上有有线电话、失事灯光信号灯发射装置。在潜艇失事时舱内艇员将失事浮标放出,让其浮出水面。水面援救人员可以通过电话与潜艇取得联系。

声呐

一般潜艇都安装了水声通话系统,使用超声波通话,在潜艇发生故障后可通过声呐与水面上的搜救人员取得联系。但声呐发射需要电力,而潜艇失事后发动机通常都会停转。由于潜艇储备的电力有限,所以声呐一般只会在失事后较短时间内使用。

无线电

无线电是潜艇上与声呐相似的一种信号发送装置。通过潜艇上装载的拖曳式天线(一般长几百米),潜艇可以在水下几百米与水面进行通信。与声呐一样,无线电的发送也需要电力的支持,所以也需要在失事后尽早尝试使用无线电与外界取得联系。

敲击艇身

敲击艇身是潜艇失事后艇内成员与外界取得联系的最后求救方式,也是在最无奈的情况下才会使用的方式。当前面三种求救方式都没有奏效时(求救浮标无法放出或潜艇电力不足),艇内人员就只能通过不断敲击潜艇艇身来求救。如果此时搜救队员已经发现潜艇的位置,就会立刻派人下潜到下沉潜艇的位置,搜救队员就可以凭借艇内发出的声音判断艇内是否有人存活。为了更好交流,很多国家都制定了一种敲击艇身的交流方式,通过不同的敲击节奏表达不同的传递信息。

第二章　二战时期的潜艇

战略思想的转变让潜艇有了更大的舞台

潜艇自诞生开始到第一次世界大战后，已经表现出了出色的战斗力。其地位也从海军中可有可无的角色，逐渐转变为一支海战生力军。但是，作为一种新生事物，从无到有、从有到强往往需要一个漫长的过程，潜艇也是如此。除了技术层面的原因外，人们的思想层面上的因素也起到了决定性作用。尽管在第一次世界大战中潜艇的表现有目共睹，但是在二战前，包括德国在内的各国都没有给予潜艇足够的重视与信任，直到战争开始后各国才逐渐转变思想。这种思想上的转变，使得潜艇有了更多的表现机会，逐步走向了成功。

在二战开始时，德国海军仍拘泥于传统的海战思想，没有把潜艇当做海军的主要突击力量，仅将其看做水面舰艇的辅助兵力，使用大型水面舰艇在大西洋交通线上进行奔袭作战，攻击英国运输船和水面舰艇。当大型水面舰艇的巡洋作战受到英国强大的水面舰艇和航空兵力的猛烈抗击、遭到惨重的损失后，德国海军才意识到，应把破坏交通线的任务完全交给潜艇。这一认识的转变，使潜艇充分发挥了作用，德国几乎赢得大西洋海战的胜利，严重削弱了英国的经济和战争潜力。

二战期间，对潜艇的认识最为不足的国家是日本。在战争期间，依靠水面舰队主力决战的思想一直在日本海军占据统治地位。日本认为潜艇只是水面舰队的战斗保障兵力，将潜艇完全隶属于水面舰队，让潜艇担负为主力舰队进行侦察、警戒和掩护等任务。战争期间日军还派潜艇为水上飞机进行中途加油、炮击海岸与岛屿、携带飞机对敌岸侦察和轰炸、为被围困岛屿运送粮食和弹药等。而攻击运输船的任务只不过是潜艇的一项附带性任务，甚至规定："只有在没有值得一击的舰艇时，方可攻击运输船"，"对一艘运输船的攻击，只能发射一枚鱼雷"。这种落后的认识和僵化做法，严重地妨碍和束缚了潜艇作用的发挥。以致在整个战争期间，日本潜艇战绩甚微，只击沉运输船 140 余艘、巡洋舰以上大型水面舰艇 5 艘，而潜艇的损失却很大，一共被击沉了 130 艘，几乎遭到毁灭性的打击。

相比于日本海军，美国海军在战争初期也存在由水面舰队进行主力决战的思想，由于日本偷袭珍珠港，使其水面舰队主力遭到重大损失，故赋予潜艇的作战任务是攻击敌人大型水面舰艇。随着战争形势的发展，美国很快改变了对潜艇的看法，认识到潜艇是破坏敌方交通线的最有效的兵力，所以将潜艇的作战任务由攻击大型水面舰艇为主改为以攻击运输船为主。这一改变，使潜艇在战争期间击沉日本运输船 1100 余艘，计 470 余万吨，1944 年美国潜艇平均每月击沉日本运输船 20 万吨，基本上切断了日本的补给线，从而造成日本战争资源枯竭和供应困难，加速了日本的投降。

武器装备影响潜艇战的成败

战争是力量与智慧的对抗,武器装备是决定战争胜负的重要物质基础。而如果没有足够数量的质量过硬的武器装备,那么在战争中必然要处于劣势。二战前各国对潜艇认识不足,对战争的准备也不充足,以致战争初期,诸多参战国家所装备的潜艇从数量到质量,都未能完全适应二战的需求。

由于认识上的问题,二战前德国对建造潜艇没有足够的重视。战争爆发时在列潜艇仅有 57 艘,而且能用于大西洋作战的只有 22 艘,平均保持在海上活动的潜艇只有 5~7 艘。这与实际需求相距甚远。战争初期,德国潜艇的建造速度也很缓慢,这种状况直到 1941 年下半年才有所改善。潜艇数量不足,使德国的潜艇战没有发挥出更大作用,从而错过了对英国实施潜艇作战的最佳时机。

日本将潜艇作为水面舰队的辅助兵力,二战前仅建造了 63 艘,其数量占日本舰队的 7.9%。战争期间又将分给海军的钢材首先用来保证战列舰、航空母舰的建造,从 1941 年至战争结束,日本只建造了 129 艘潜艇,使得在列潜艇数仅维持在战前水平。日本潜艇在战争中得不到足够的补充和加强,作战能力逐年下降。到战争结束时,能够参战的潜艇只有 10 余艘,以这样弱小的潜艇兵力,抗衡美国强大的反潜兵力,无异于自取灭亡。

与日本海军的战略思想不同,太平洋战争爆发时,美国已拥有 121 艘潜艇,日本偷袭珍珠港后,潜艇意外地未受损失,成为美军反击日本海军的唯一兵力。根据战争形势的发展,美国海军及时调整了潜艇的作战任务,加强了潜艇的建造,整个战争期间共建造了 203 艘潜艇。由于使用得当,加之日本反潜能力很弱,战争期间美国海军仅损失了52艘潜艇，这就保证了其潜艇战的顺利进行。

二战中除了潜艇的数量对潜艇作战有直接影响外，潜艇装备的质量对潜艇作战的影响也不容忽视。

战争开始时，美国潜艇使用的鱼雷数量不足，质量也差。鱼雷的引信不可靠，定深也不准，发射出管后有的命中目标不爆炸，有的则过早爆炸，爆炸的碎片甚至落在潜艇上。美国"棘舀鱼"号潜艇在一次战斗中曾13次占领有利攻击位置，实施鱼雷攻击，结果却无一命中。另有一艘潜艇对一艘停泊中的日本油船连续发射了9枚鱼雷，全部命中目标，但一枚也未爆炸。鱼雷的质量问题使美国潜艇在战争开始的两年半里，没有可以信赖的武器，有的潜艇甚至不得不改装水雷武器去执行任务。

二战中，日本并没有采用新科学技术成果改进潜艇装备。在美国反潜兵力大量使用雷达以后，其潜艇夜间充电和雾中航行均受到很大威胁，在这种情况下，日本仍然无动于衷，直到1944年才在部分潜艇上装备了雷达。在争夺塞班岛期间，日本20余艘潜艇参战，损失了13艘，其中三分之二都没有装雷达。与日本海军不同，美国海军根据潜艇作战的需要，在战争中不断改进潜艇的战术、技术性能。例如，增加潜艇的速度和下潜深度、采用鱼雷射击指挥仪、加大鱼雷携带量、装备新型声呐和雷达等，潜艇的作战能力大大增强。

德国潜艇在战争开始后不久，也出现过类似的鱼雷危机。U-47号潜艇在挪威战役中，曾对一列停泊中相互重叠、形如长垣的英国运输船队发射了8枚鱼雷，但毫无成效。鱼雷的质量问题使德国潜艇在1940年上半年进行的挪威战役中，实际上没有武器可用。二战中，德国是潜艇战进行较好的国家，但其潜艇战最终还是失败了，除了其他原因外，在技术装备的发展上，德国潜艇逐渐落后于同盟国的反潜兵力，也是一个重要因素。

经过二战的洗礼，特别是反潜作战技术的进步，潜艇装备也有了相应的提高，潜艇技术逐渐走向成熟。

二战推动潜艇战法的进步

二战中，各参战国的潜艇除了装备上有很大提高，在战法上也有了显著的进步。

德国潜艇部队吸取了第一次世界大战的经验教训，在战前就研究了潜艇使用的“狼群战术”，并通过训练和演习不断加以改进和完善，制定出潜艇“合群战术”条令，汇编入“潜艇艇长手册”之中。因此，战争爆发后，德国潜艇是有的放矢地进行作战，在对潜艇的认识改变、潜艇的数量增加后，便果断地实施了“狼群战术”。这一新颖的战法取得了很大战果，德国的“狼群战术”曾给盟军造成很大威胁，直至 1943 年 5 月，由于英、美反潜能力的增强，才使其“狼群战术”逐渐失效。

美国潜艇部队在太平洋战场上之所以能够取得较大战果，“不仅是因为指挥官指挥得当和潜艇艇员的技术熟练，还因为它有一套完整的战术，这套战术是十分灵活的，并根据实战经验和多变的作战特点，不断加以改进”。

日本偷袭珍珠港后几个小时，美国当局就下令对日本实施无限制的潜艇战。1942 年 6 月，太平洋舰队的潜艇部队由舰队直接指挥改由潜艇司令部指挥，潜艇司令部成立了专门小组，派出考察人员随艇出海，及时总结潜艇作战的经验。为了有效地实施破交作战，提高潜艇作战效率，潜艇司令部根据日本运输船队的特点，研究并采用了适合太平洋海域作战的“狼群战术”。每一“狼群”一般不超过 3 艘潜艇，以便在战斗中保持密切协同。实施这种“狼群战术”的方法是两艘潜艇分别在护航运输队的两侧占领攻击阵位，第三艘潜艇占领船队的后面阵位，准备袭击受伤的舰船。但是，在实战中准确地占领这样的阵位是非常困难的，因此，潜艇司令部根据实际情况，及时地对战术进行了修改，规定潜艇为占领适宜的阵位可以随机应变。这就能使潜艇艇长们充分发挥主观能动性，更多地把握战机。从 1944 年至战争结束的一年多时间，美国的潜艇“狼群”广泛活动在日本沿海、南海、菲律宾海域及印度洋，击沉了大量的日本舰船。

当新技术装备舰艇后，美国潜艇也注意及时研究和改进作战方法。起初，美国潜艇基本上是白天在水下状态，使用潜望镜进行鱼雷攻击，安装雷达后则多利用夜间在水面状态进行攻击；当装备了鱼雷射击指挥仪后，潜艇鱼雷攻击除了继续使用直进射击方法外，又采用了转角射击新方法，缩短了占位时间，增加了攻击的机会。

武器装备是战争的物质基础，但仅仅拥有先进的武器是不够的，还必须有好的战法。只有战法使用得当，才能充分发挥武器装备的作战效能，从而赢得胜利，这是二战潜艇战法给予我们的最大启示。

具有贵族气质的传奇潜艇
——U－47 号潜艇

海魔出世：战列舰的克星

一战后，《凡尔赛条约》规定战后德国不能拥有潜艇。但是，希特勒上台后决定大力发展海军，主要对象是潜艇和大型水面作战舰艇。当时的海军上校邓尼兹接受任务，决定建造大型潜艇用于远洋作战。由于受《凡尔赛条约》约束,研制潜艇需要秘密进行,秘密的设计工作一直在荷兰、芬兰进行。

1935 年 6 月 18 日,德国与英国签订了回避《凡尔赛条约》的限制协议书,规定了德国的海下武装力量要限制在英国的 45%以内。于是德国于 1935 年开始建造潜艇。事实上,希特勒的第一艘潜艇在协议签订那天就已经下了水。

U-47 号潜艇隶属于ⅦB 型。ⅦB 型潜艇作为德军在二战期间的主力潜艇型号,曾给盟军带去了不小的麻烦。ⅦB 型是由 UIIA 型潜艇发展而来的,大名鼎鼎的ⅦA 型潜艇曾在一战中为德国海军立下了赫赫战功。所以,很多人称 U-47 号潜艇是带有贵族气质的潜艇,原因就在于此。

1937 年 2 月 27 日,U-47 号潜艇下水,试验成功。1938 年 2 月 17 日,U-47 号潜艇正式服役。1939 年 10 月,德国海军 U-47 号潜艇大胆地潜入斯卡帕湾的英国皇家海军基地,一举击沉"皇家橡树"号战列舰。这次成功的战例成为海军史上一个传奇般的故事——不仅因为它具有重要的战略意义,也因为完成这次作战任务的精彩过程。

U-47 号潜艇

德军突袭斯卡帕湾的成功,极大地震动了当时的英国政府,他们开始意识到自己在海上并非无可匹敌,由此也引发了大西洋上英国皇家海军与德国海军潜艇部队旷日持久的激烈斗争。

1941 年 3 月 7 日,U－47 号潜艇失事沉没,艇上 45 人全部丧生。在服役的四年多时间里,U－47 号潜艇共完成 10 次战斗巡逻任务,战绩显赫,击伤各类舰船 8 艘,总吨位 63282 吨,共击沉各类舰船 31 艘,总吨位 191918 吨。

航程增大:改进的ⅦA 型

U－47 号潜艇是ⅦB 型 U 艇,它是在ⅦA 型的基础上作了很多改进的潜艇:航程增大,可以深入大西洋更远的海域;航速提高,增加了艇艉鱼雷舱,提高了储弹量。ⅦB 型 U 艇的甲板上有四个水密舱,用于储备鱼雷,使得鱼雷总数达到 14 枚。ⅦB 型 U 艇弥补了ⅦA 型的许多缺陷,为后来大规模建造的ⅦC 型潜艇提供了非常有益的经验。

Ⅶ型潜艇性能参数

排水量:750 吨

艇长:66.5 米

水上最高航速:17.2 节

水下最高航速:8 节

水下航程:90 海里/4 节

设计下潜深度:100 米

最大下潜深度:250 米

鱼雷发射管数量:5(艇艏 4 具
艇艉 1 具)

鱼雷总数:14 枚

甲板武器:1 门 20 毫米机枪
1 门 88 毫米火炮

编制:44～48 人

整个战争期间,该型U艇一共建造了24艘。最为成功的是U-47号、U-99号、U-100号、U-48号等。

临危受命:成功突袭英国海军基地

ⅦB型潜艇中最令盟军恐惧的就是U-47号潜艇,使U-47号潜艇成名的艇长正是大名鼎鼎的冈瑟·普里恩。

1939年,英德的深海较量正进行得如火如荼,德国人正酝酿着一次大的突袭行动,目标直指英国皇家海军在不列颠群岛上的主力舰队锚地——斯卡帕湾海军基地。

斯卡帕湾海军基地位于苏格兰以北的奥克尼群岛。这一地点恰恰位于德国海上运输线出入北海的要冲,具有极其重要的战略意义。毫无疑问,该基地也经常会出现一些对于德军潜艇而言极富诱惑力的目标,但正和其他坚不可摧的要塞一样,斯卡帕湾戒备森严,尤其是防范可能发生的潜艇攻击。第一次世界大战期间,德国海军中校厄姆斯曼指挥的UB-116号潜艇曾于1918年10月潜入斯卡帕湾,但由于触雷而沉没,所有艇员丧生。人们认为,任何企图突破斯卡帕湾的尝试,都需要非凡的胆略和高超的技术。用时任德国海军潜艇部队总指挥官邓尼兹的话来说,任何攻击者都"需要最为大胆与强烈的进取心"。因为他们所要面临的不仅是重兵防守的皇家海军,还有无法事先预知的强烈海流,因为海流的力量足以使潜艇偏离预定航线而陷入危险境地。

一直以来邓尼兹都想尝试让一艘德国潜艇潜入这一水域并给予英国皇家海军沉重一击,这样英国人在数年之内都将一蹶不振(建造一艘战列舰并将其列装需耗费3~4年时间)。德国海军情报部门为此做了大量的准备工作,并通过德国空军和部分出海巡逻的潜艇搜集到了部分关于斯卡帕湾的情报资料。1939 年 9 月 26 日,德国空军设法拍摄了一些该基地的清晰照片;同年 9 月在斯卡帕湾附近海域巡逻的 U-16 号潜艇也冒险靠近斯卡帕湾带回了一些极有价值的报告。在对上述情报仔细研究后,德国海军潜艇部队司令部得出结论:必须采取夜间攻击的方式,因为那时海底的水流较为缓慢。接下来就是要确定执行攻击任务的人选。

这个人便是时年 31 岁的普里恩。普里恩当时已是具有 7 年作战经验的艇长。普里恩于 1933 年加入德国海军,曾参加西班牙内战,在他的首次战斗巡逻中就取得击沉 3 艘敌舰、总吨位 66000 吨的战果,并因此获得二级铁十字勋章。在邓尼兹的回忆录《十年与二十天》中,邓尼兹记录下了他当年的考虑:“我必须作一次尝试,我的选择倾向于海军上尉普里恩,他是 U-47 号艇的艇长。在我看来他完全具备执行任务所需的个人品质和专业技能,看上去再合适不过。我把所有的资料都递给了他,告诉他可以选择接受或者放弃。”

这一天是 1939 年 10 月 1 日,邓尼兹给了普里恩 48 小时研究作战计划并作决定。当晚普里恩将作战计划拿回家仔细研究到深夜。次日,他决定接受这次作战任务,因为他完全有信心完成这次作战任务。攻击的日期最终被定在 10 月 13 日或 14 日夜间,因为那时的海流较平缓。

当潜艇上原有储备的物资被卸下,取而代之的是比以往执行任务时少得多的补给品时,U-47 号潜艇上的艇员已经清楚这是一次极为特殊的任务。U-47 号潜艇是一艘排水量为 750 吨的ⅦB 型远洋潜艇,该型潜艇独特的艇体舯部鞍状水柜设计使得潜艇航程达到 6500 海里,这样的航程足以远航至英国甚至大西洋中部。

1939 年 10 月 8 日,U-47 号潜艇满载鱼雷缓缓离开基尔港,沿着事先谨慎制定的航线经由威廉港驶往北海，在那里改航向往南并潜航以避免被水面船只发现自身的位置。此次作战任务代号为“P”，航线的制定是在高度机密的情况下完成的，然后由邓尼兹亲自口述给海军司令雷德尔。在潜艇离港出发的时候，码头上甚至没有举行任何出海仪式。

10月12日晚，依靠声呐和估算几乎在水下航行了一整天的U－47号浮出海面并开始修正航线。此时天气逐渐发生了变化，浓云和空中的细雨使得星光隐没不见，辨别航向和方位极为困难。根据海岸上发出的灯光，普里恩确信自己已经离奥克尼郡不远。事实上，潜艇当时距离奥克尼郡不到1.8海里。普里恩的估计相当准确，其高超的航海经验毋庸置疑。艇上不明实情的艇员甚至问普里恩：“我们是否要去拜访奥克尼郡？”得到的回答是：“不，是斯卡帕湾。”

10月13日，凌晨4点，潜艇开始排气下潜，深度定在水下150米。

形势已经变得明朗，作战任务也得以解密。普里恩告诉手下艇员次日的任务便是进入斯卡帕湾。由于接下来的几乎一整天必须在水下度过，普里恩命令所有人节省空气和用电，如无必要不许四处走动。接着照明便中断了，潜艇控制室的仪表、管道轻微渗漏的水滴和海水从四面挤压艇壳发出的声响成为艇内唯一的噪声。

次日下午4点，全体艇员用餐完毕，桌椅器皿都整理完毕，艇员的铺位也都折叠起来。为了避免潜艇被俘，几名艇员在潜艇底部安装了炸药。每个人都检查了自己的救生衣，同时撕掉自己帽子上的舰队标志以避免可能被俘后暴露自己的身份。普里恩命令全体艇员作好战斗准备，攻击行动即将开始。

一战成名:U－47 号击沉“皇家橡树”号

突袭斯卡帕湾,这是艇长普里恩掌管 U－47 号潜艇以后接受的最为重要的任务。因为这次突袭行动不仅要重创不可一世的英国皇家海军,同时也是德军潜艇部队的正名之战。多次大战的经验告诉普里恩,这将是一次冒险的旅程。让他意想不到的是,这一战让他和 U－47 号一举成名。

1939 年 10 月 13 日 19 点,普里恩终于下定决心,他下令潜艇上浮。电动机开始全速运转,在水下 80 英尺的深度,水下侦听器报告未侦听到海面传来的任何噪声。在上浮至 45 英尺深度时,普里恩命令升起潜望镜。经过观察,夜幕已经降临并且海况良好。19 点 15 分,普里恩下令浮出海面。于是柴油机开始运转。在接下来的四小时里,U－47 号随着海潮向赫姆海峡西北方向以半速缓慢前行。为了躲避海面过往的船只,潜艇时常潜入水中,同时还得与逐渐强烈的海流抗衡。进入斯卡帕湾的时间计算得有些偏差,有一股强大的海潮此时正流入斯卡帕湾。如同落入激流中的独木舟一样,U－47 号勉强进入夜幕中的科克海峡。

23 点 31 分,潜艇开始进入斯卡帕湾,其间艇壳底部甚至与铺设在海底的系缆索发生了摩擦碰撞,使潜艇急剧右转并搁浅。由于此前普里恩根据水深情况下令潜艇采用半潜航状态行进,眼下只有向水柜内继续排气,U－47 号因此成功地再次浮起。前方的海峡逐渐变宽,水流也减缓了下来。为了防范潜艇攻击,宽度不到一千米的海峡内的水下密布着许多人为的沉船和其他水下障碍物。根据出发之前搜集到的情报显示,采用通过科克海峡的路线进入斯卡帕湾是极其困难的,几乎难以渗透进去。而此时的 U－47 号潜艇正是沿着这条航线向前航行。凌晨 0 点 27 分,普里恩在作战日记中写道:我们已经进入斯卡帕湾。

突然一道亮光射向 U－47 号,将它的指挥塔围壳照得雪亮。这亮光来自岸边圣玛丽小镇一条公路上碰巧路过的出租车前灯。强光照射之下,指挥塔上的艇员甚至可以望见岸上的卡车和岗哨。所有人都惊慌失措,看起来行踪已经暴露,遭受攻击已是在所难免。幸运的是出租车并未发现潜艇,而是拐了个弯继续朝斯卡帕湾方向开去。不管怎样,眼前的形势已经没有退路。U－47 号潜艇所面临的首要任务就是尽快寻找攻击目标。

普里恩一面指挥潜艇继续向西航行,一面仔细观察海面。尽管视野良好,潜艇向前缓慢航行了 3.5 英里却未能发现任何船只。事实上,出现这样的情况是德国海军情报部门的疏漏。就在不到一个星期以前,德国海军“格奈森诺”号战列舰由“科恩”号巡洋舰和九艘驱逐舰护航前往北海引诱斯卡帕湾内的英国皇家海军舰队出击,希望英国舰队正好落入德国空军的攻击范围内。但由于空军方面行动迟缓,预料中的英国皇家海军舰队并未被发现,德国人只好撤退。不久,英国人也意识到斯卡帕湾的薄弱性,于是将整个舰队撤出斯卡帕湾,基地也改设在苏格兰以西。这样一来,也使此时的普里恩失去了发现攻击目标的机会。

潜艇改左满舵沿着大陆海岸继续向前航行,途中发现了几艘静静地停靠在岸边的油船,普里恩对此不屑一顾。

突然,潜艇前方出现了一个巨大的黑影。普里恩命令潜艇缓慢靠近并仔细观察。根据船上烟囱、三角桅杆和炮塔的外形,普里恩判断出这应该是“皇家橡树”号战列舰。紧接着又发现了不远处的另一艘战舰,普里恩认为是“反击”号(实际上是排水量为 6900 吨的“飞马”号水上飞机母舰)。

前者的确是排水量为 29 000 吨的英国皇家海军“皇家橡树”号战列舰。该舰装备有 8 门 15 英寸主炮,装甲厚度达 13 英寸,这也使得“皇家橡树”号的航速较慢,无法跟上舰队里的新型战舰因而暂时留在港内,准备当天一早再次起锚出发。

借助夜色掩护,U-47号大胆地以水面航行状态接近,普里恩指示手下艇员将“皇家橡树”号列为首要攻击目标。在距离“皇家橡树”号不到3000码时,测定潜艇吃水22英尺,普里恩下令鱼雷发射管注水并打开管盖准备进行水面发射。0点58分,在仔细瞄准之后,普里恩下令艇艏鱼雷发射管发射3枚鱼雷,鱼雷成功入水并以30节的航速奔向“皇家橡树”号。

此时的“皇家橡树”号上几乎所有人都在熟睡之中。第一发鱼雷命中后发出的沉闷爆炸声并未引起舰上官兵的注意。凌晨1点,右舷再次传出爆炸声,但并未发生火灾,大部分人在未觉察到异样后继续睡觉。在U-47号潜艇上,普里恩和艇员们认为击中了“反击”号,于是快速转向180度并瞄准“皇家橡树”号用艇艉的鱼雷发射管再次发射了鱼雷,但没有命中。通常在这种情况下的德军艇长该考虑立即撤退,因为对方马上就会拉响警报展开搜索。但邓尼兹选对了人——普里恩命令潜艇再次转向并将艇艏的鱼雷发射管迅速装填完毕,鱼雷再次瞄准“皇家橡树”号舰体舯部冲去。

凌晨1点16分,三发鱼雷全部准确命中目标并引爆,鱼雷的爆炸终于撕破了29000吨的英国皇家海军“皇家橡树”号战列舰的巨大舰体,海面上烈焰冲天浓烟滚滚,该舰在10分钟后即告沉没,舰上包括英国皇家海军第二舰队司令布拉格若夫在内的24名军官共800多人丧生,只有375人生还。普里恩注视着“皇家橡树”号沉没,下令保持安静并迅速撤离。由于担心英国人的追击,普里恩没有进行救援。事实上此时根本没有追兵,英国人几乎没有意识到这艘德国潜艇的存在。但此时的海潮方向改变了,撤离斯卡帕湾变得困难重重。凌晨1点28分,潜艇沿着原路返回科克海峡。普里恩向艇员宣布战果:击沉一艘战列舰,重创另一艘。大战期间被德国潜艇击沉的各类舰船中,“皇家橡树”号的吨位排名第三，也是仅有的两艘被德军潜艇击沉的英国皇家海军战列舰中的一艘，另一艘是被 U－331 号击沉的“巴哈姆”号。英国皇家海军在大战中损失的另两艘战列舰“威尔士亲王”号和“反击”号是被日本海军在 1941 年 12 月击沉的。

2 点 15 分，U－47 号重新进入北海水域。不久，英国人宣布斯卡帕湾遭袭。1939 年 10 月 14 日的英国 BBC 新闻播报如下：“根据今天早间的报道，皇家海军舰队司令遗憾地宣布：英国皇家海军‘皇家橡树’号战列舰被击沉，相信这是德国潜艇所为。”

英国人同时宣布：入侵者——德国潜艇已被击沉，这显然是个笑话。在返航途中，U－47 号的艇员在潜艇的指挥塔围壳上涂上了一头正在喘气的愤怒公牛——“斯卡帕公牛”徽章，这一图案来自普里恩和其他艇员共有的一本漫画书，该徽章在后来成为普里恩的个人徽章和第七舰队的舰队徽章。

1939 年 10 月 17 日上午 11 点 44 分，U－47 号潜艇抵达德国威廉港。海军司令雷德尔与邓尼兹已经在码头上等候。艇员们登岸后，邓尼兹亲自为所有人颁发铁十字勋章，普里恩也被授予一级铁十字勋章，邓尼兹本人更是被雷德尔提升为海军少将。

在码头上，U－47 号的艇员们得到了当地群众英雄般的欢迎，当天下午所有艇员乘坐专机飞往柏林并得到了希特勒的亲自接见。希特勒亲自为普里恩佩戴上骑士十字勋章，并称赞这次奇袭斯卡帕湾作战行动的成功是“德国海军潜艇部队作战历史上最引以自豪的战绩”。邓尼兹也不失时机地向希特勒提出扩大潜艇生产的建议。希特勒尽管仍存有疑虑，但最终还是答应了邓尼兹的要求。当天晚上，U－47 全体艇员都与希特勒共进了晚餐。

偷袭斯卡帕湾大获成功，英国海军蒙受巨大损失。德国 U－47 号潜艇成为德国海军的明星潜艇，被称为“水下屠夫”。从此，以 U－47 潜艇为代表的德国ⅦB 型潜艇成了水下杀手，德国潜艇部队也成为德国法西斯手中的一张王牌。

德国潜艇的头号杀手
——U－99号潜艇

沉默的杀手：U－99号

U－99号潜艇是德军的王牌，它属于VIIB型U艇中的第二艘，第一艘为U－47号潜艇，第三艘为U－100号潜艇。这三艘ⅦB型U艇都是德军潜艇部队的主力。

1940年之前，U－99号潜艇并不像U－47号潜艇那样有名气，它一直默默地航行在大西洋深处，直到德国头号王牌奥托·克雷斯特施默尔来到艇上任艇长，U－99号才露出了杀手本色。

1940年4月，奥托·克雷斯特施默尔离开U－23潜艇并被委任为U－99号潜艇的艇长。两个月后U－99号潜艇离开在德

U－99号潜艇

国基尔的训练基地，开始了它一生中最辉煌的“猎杀潜航”。在这次出击中，U－99号潜艇9次对盟军的护航船队实施水面攻击，击沉多艘盟军舰船。特别值得一提的是，它击沉了三艘万吨级的英国的装甲巡洋舰，成为德国的潜艇王牌。

到1940年11月，U－99号潜艇总共击沉了超过46000吨的船只。从这时起，在众多U艇艇长中，“沉默的奥托”变成了“吨位之王”，而且一直也没有人超过他。他也有了一句著名的名言——“一枚鱼雷，一艘船”。

击沉盟国商船最多
——U－107号潜艇

切断供给最多的潜艇

在第二次世界大战初期，尽管英国运输船队在早期遭受了上述灾难，英国海军官员们仍然非常赞赏美国在北大西洋所承担的日益增多的义务。

到1941年10月中旬，随着美国同意将运输船队的护航区向东扩大到距爱尔兰400海里处，英国西部海防区司令认为可以从西北海防区中抽调三个护航舰群去增援前往直布罗陀和西非港口的护航运输队。这一战略上的重新调整对于海军部来说是非常及时的，因为这时海军部接到一些有关德国潜艇在若干新的海上战区活动的报告。

1941年最后一个季度，海上恶劣的天气影响了邓尼兹北大西洋战役。在这一时期，德国潜艇只击沉了极少一部分运输船只，然而，也就在这几个月中，德国潜艇却在日益向从北角到非洲黄金海岸整个一线进行集中。

1941 年 5 月，德国 1100 吨级的远洋潜艇（IX－B 型）在西非的弗里敦附近海域发动了攻势，其中最为突出的是 U－107 号潜艇。该艇在一次巡航中就击沉了大部分运输船只，迫使英国海军部将运输船队转移到加那利群岛以西。

第二次世界大战期间，纳粹德国海军有Ⅱ型（2 型）、Ⅶ型（7 型）、Ⅸ型（9 型）以及 XXI 型（21 型）、XXIII 型（23 型）用于作战。在二战中，德国中校京特尔·海斯勒作为 U－107 号 U－Ⅸ潜艇艇长，指挥官兵击沉敌船 39 艘，击沉辅助巡洋舰 3 艘，它因此成为德国 U 艇中击沉盟国商船最多的潜艇。

名艇辈出：Ⅸ－B 型潜艇

Ⅸ－B 型艇是Ⅸ型艇的一种改进型潜艇，其排水量更大，航程也相应地增加 1500 海里。Ⅸ－C 型艇则在此基础上作了进一步改进。

Ⅸ－B 型潜艇可以说是二战期间德军潜艇中最为成功的艇型，每艘艇都有击沉 10 万吨各类船只的战绩。艇上携带有 23 枚鱼雷，这使得潜艇指挥官能够针对同一护航船队进行夜以继日的持续攻击。

Ⅸ－B 型潜艇中最著名的应该说是 U－123 号艇，正是该艇的指挥官哈尔德根于 1942 年初揭开了美国海岸攻击行动（“鼓点”战役）的序幕。

而海斯勒指挥的 U－107 号艇则创下了战争期间攻击护航船队的最高纪录，在非洲的弗里敦附近海域，该艇取得了击沉船只吨位共计 10 万吨的战绩。

同为该型艇的有：U－64 号、U－65 号、U－103 号、U－104

号、U－105号、U－106号、U－107号、U－108号、U－109号、U－11号、U－111号、U－122号、U－123号及U－124号艇。

战功卓著的舰艇和艇长

IX－B型潜艇性能参数

水上排水量:1050吨	**设计下潜深度:**230米
水下排水量:1178吨	**安全下潜深度:**165米
艇长:76.5米	**鱼雷发射管数量:**6具(艇艏4具艇艉2具)
水面最高航速:18.2节	**鱼雷总数:**22枚(或44枚水雷)
水下最高航速:7.3节	**武器装备:**105毫米甲板炮,备弹110发;2门20毫米机炮
水上航程:12000海里/10节航速	
水下航程:64海里/4节航速	**编制:**48～56人

通过海军中校京特尔·海斯勒在二战中的经历可以略知这艘著名潜艇的不凡战绩。京特尔·海斯勒,1927年4月加入海军。在完成了军官训练后,他先是在鱼雷艇上服役,后又在战列舰西里西亚号上服役。

1940年4月,京特尔·海斯勒被调到了U艇部队服役,六个月后他成为IX－B级U－107号潜艇的指挥官。需要特别指出的是,一个人没有担任过值班军官或经过指挥官培训就成为U艇指挥官是非常罕见的。但是海斯勒是一位经验丰富的海军军官,他很快就证明了迅速任命他为潜艇的艇长是一个多么正确的决定。在他的第一次作战巡航中,他指挥的U－107号潜艇共击沉了4艘轮船。但是使他成名的却是他的第二次 U－107 号潜艇作战巡航。

1941 年 3 月 29 日 19 点 30 分，京特尔·海斯勒上尉指挥的 U－107 号潜艇和另外一艘潜艇——U－94 号潜艇离开了位于法国洛里昂的海军基地，这次行动是在二战中攻击盟军商船最成功的一次。京特尔·海斯勒上尉指挥的 U－107 号潜艇是向南驶去的，他的作战区域是围绕着加那利群岛（加那利群岛是大西洋中由 13 个火山岛屿组成的群岛，位于非洲西北海岸，靠近弗里敦——非洲塞拉利昂首都）。在这个作战区域，京特尔·海斯勒上尉指挥的 U－107 号潜艇共击沉了 14 艘轮船。这次作战巡逻攻击的第一艘船是英国商船 SS Eskdene 号，U－107 号潜艇总共发射了两枚鱼雷和 104 发位于甲板上的 105 毫米大炮的炮弹击沉了 SSEskdene 号。这次作战巡逻中击沉的最大的一艘船是英国船只卡尔恰斯号（10305 吨）。

1941 年 6 月 1 日，京特尔·海斯勒指挥的 U－107 号潜艇击沉了英国猎潜艇“阿尔弗雷得·琼斯”号（5013 吨）。U－107 号潜艇于 1941 年 7 月 2 日返回了罗连安特海军基地。在京特尔·海斯勒离开 U－107 号潜艇之前，1941 年 11 月，他指挥 U－107 号潜艇开始了第三次作战巡逻，在这次作战巡逻中，他指挥的 U－107 艇共击沉了三艘船。在离开 U－107 号潜艇后，他作为潜艇司令部作战处的首席参谋一直服役到战争结束。

京特尔·海斯勒于 1937 年 11 月与时任海军潜艇部队总司令的卡尔·邓尼兹的女儿犹苏拉结婚。那个时候京特尔·海斯勒正在鱼雷艇上服役。正因为京特尔·海斯勒是邓尼兹的女婿，所以邓尼兹对授予京特尔·海斯勒骑士铁十字勋章持保留意见，但是最终海军总司令雷德尔还是签署了授奖文件。

战争结束后，京特尔·海斯勒被盟军囚禁了一年多。从 1947 年到 1951 年，他受英国皇家海军的委托写了《大西洋 U 艇战》一书（The U－Boat War in the Atlantic，共分上中下三册）。写该书时他得到了前 U－378 号潜艇指挥官，后来也是潜艇司令部作战处的一名参谋的阿尔弗雷得·霍斯卡特海军少校的帮助。

盟军头号猎杀对象——U－571 号潜艇

ⅦC 型潜艇中的经典

U－571 号属于ⅦC 型潜艇。自 1941 年以来，ⅦC 型潜艇就是二战中德国潜艇部队的主力，在整个大战期间它的建造工作就一直没有终止过。第一艘服役的ⅦC 型潜艇是 1940 年的 U－69 号。ⅦC 型潜艇是一种威力巨大的战斗机器，几乎在所有有德国潜艇活动的海域都能见到它们的身影。

1944 年到 1945 年间，这些潜艇大多安装了通气管，ⅦC/41 型

U－571 号潜艇

潜艇甚至作了更大改进,而大型布雷潜艇ⅦD 则是由ⅦC 直接改装而来。

ⅦC 型潜艇投入使用时正是德国海军威风的日子即将结束的时候,1943 年底到 1944 年,它不得不面临盟军即将发动的反潜总攻势。

在所有ⅦC 型潜艇中,最成功的是 U－571 号,它横行海底,最后成为盟军海军追杀的头号目标,后来在许多有关德国潜艇的影片中都出现过。

与众不同:5 个鱼雷发射管

U－571 号潜艇性能参数

水上排水量:769 吨
水下排水量:871 吨
最大排水量:1070 吨
艇长:67.10 米
艇宽:4.71 米
吃水:6.20 米
水上航速:17.7 节
水下航速:7.6 节
水上续航力:8500 海里/10 节
水下续航力:80 海里/4 节

动力:3200 马力(水上)
50 马力(水下)
最大下潜深度:220 米
鱼雷发射管数量:5 具(艇艏 4 具
艇艉 1 具)
鱼雷携带:14 枚
水上武器装备:1 门 88 毫米甲板炮
(备弹 200 发)
1 门 20 毫米指挥塔机关炮
编制:44～52 人

U－571 号潜艇是最著名的 VIIC 型潜艇。

VIIC 型潜艇是由极为成功的 VIIB 型潜艇改进而来,两者具有相同的引擎设计和马力，但更大的体积和排水量使得 VIIC 型艇的航速不及 VIIB 型。

U－571 号最大的特点是装备有 5 个鱼雷发射管（4 个位于艇艏，1 个位于艇艉），而诸如 U－72、U－78、U－80、U－554 和 U－555 号都只在艇艏装有 2 具鱼雷发射管，U－203、U－331、U－351、U－401、U－431、U－651 号则没有艇艉鱼雷发射管。

经典大战：猎杀 U－571 号

作为二战中最为经典的型号——VIIC 型潜艇的代表，德国的 U－571 号潜艇曾被美国人搬上银幕，拍摄了电影《U－571》。影片中讲述了这样一个故事：

1942 年二战正酣之时，纳粹潜艇在北大西洋航线上运用“狼群”战术，使盟军大西洋战略补给线受到严重威胁。为及时掌握德军在海上的动向，破译德国潜艇与基地的密码通讯，盟军急欲截获德军潜艇所使用的一种极为机密的密码机。一场小规模的海战之后，一艘代号为 U－571 的德军潜艇被盟军击伤，正漂浮在北大西洋某海区等待救援。获悉这一情报后，美军指挥部随即下令派人攻入这艘潜艇寻找密码机。按计划，美军将改装自己的潜艇并伪装成德军海上补给潜艇接近并攻下 U－571，于是一艘代号 S－33、老旧不堪但便于改装的美军潜艇接受了这一特殊使命。

夜晚的军港忙乱而紧张，一群年纪还不如 S－33 号潜艇大的年轻水兵列队在码头上等待登艇。经过简单的动员，一次危险的任务开始了，艇上的大副安德鲁上尉和其他艇员一样，直到出海之时，还对此行的目的一无所知。

阴冷的大西洋深处，U－571 仍漂浮在海面上，艇上的德军水兵焦急地等待着补给艇的到来。夜里，海面上风雨大作，S－33 号潜艇终于利用探测设备发现了 U－571。经过信号灯联系,S－33 主动向德国潜艇靠近,并派出佯装进行补给作业的特别行动队员划着橡皮筏向德国潜艇驶去。U－571 艇上,不知真相的德国水兵兴奋地招呼着皮筏上的人。但头几名行动队员一登上德国潜艇,老练的德国艇长便看出了事有蹊跷,U－571 狭窄的甲板上一时枪声大作,德国水兵仓皇中向艇内撤退,但一切为时已晚。一阵激战过后,行动小组干净利落地占领了潜艇。临时替换艇长加入行动小组的安德鲁也进入了 U－571,并迅速找到了密码机。任务看来进行得十分顺利,行动小组带着密码机和被俘的德国水兵准备分批返回 S－33。可就在此时,S－33 上突然传来剧烈的爆炸声。原来真正的德军补给艇已经赶到,发现 U－571 受到攻击后也向美国潜艇发射了鱼雷。本已老态龙钟的 S－33 怎堪一击,立即起火沉入大海。

此时,侥幸滞留在 U－571 上的安德鲁和部分行动小组队员只得退回艇内,这时就只有 U－571 能够拯救他们了。可事情远没那么简单,U－571 艇上的仪表说明用的都是德文,大部分人一时无法操作,艇上的动力系统本已瘫痪,只得紧急派人抢修……在小组成员的共同努力下,U－571 终于下潜成功并一举击沉了来袭的德国补给艇。激战过后,U－571 重又浮出水面寻找幸存者,所幸又救起了几人,但 U－571 的德国艇长也佯称自己是受伤的机械师重返潜艇。

幸存在 U－571 艇中的美国水兵个个愁容满面,这突如其来的变故让他们一时不知所措,上尉安德鲁虽然一直自信自己能胜任艇长之职,但此时真的只由他来指挥 U－571 时,眼前竟是一片茫然,潜艇又出现了严重故障……幸得身边老军士长的帮助,安德鲁承担起了指挥官的职责,并渐渐进入“角色”。天亮之后,一架德军侦察机发现了漂浮在海上的 U－571,安德鲁的果断处理不但避免了真实身份的暴露,还使自己树立起了作为指挥官的信心,并得到了手下人的信任。

“好心”的德国飞机叫来了一艘德国巡洋舰帮助瘫痪的 U－571。巡洋舰派出的舢舨只要一登上潜艇，安德鲁他们的身份必然暴露无疑。在不可能立刻下潜的情况下，安德鲁当机立断，下令用潜艇甲板炮攻击德舰的通讯系统，以防引起更大的麻烦，失去已经到手的密码机。巡洋舰上，一阵混乱之后，德国水兵开始向 U－571 攻击，在最危急的关头，潜艇的机械故障终于得以排除，一场潜艇与巡洋舰的生死猎杀战就此展开。

一艘二战潜艇，一旦被反潜舰艇盯上，多半只能在水下等着挨炸，能不能生还。就只有靠祈祷上帝了。对于从未做过艇长的安德鲁和他手下涉世未深的年轻水兵，此役无疑九死一生，但也正是这场为了生存而进行的战斗，终于使他们从惊愕、惶恐、冲动、绝望中学会了忍耐、合作、牺牲和诀别。最终，安德鲁依靠自己的机智和勇气指挥 U－571 用最后一枚鱼雷击中了德国军舰。

电影的情节跌宕起伏，扣人心弦。但是故事毕竟是故事。历史上真实的 U－571 号远比电影更为传奇。

U－571 号于 1941 年 5 月 22 日服役，属于第三潜艇支队，一共出航 11 次，主要活动于北大西洋。

在其服役的将近两年零九个月的时间里，U－571 号一共击沉各类船只 5 艘，击伤 1 艘，合作击沉 2 艘。由于战绩太过显赫，U－571 号成为二战中盟军的头号猎杀对象。

1944 年 1 月 28 日，在爱尔兰以西，位于北纬 52.41 度，东经 14.27 度处，U－571 号被澳大利亚森德兰反潜机用深水炸弹击沉，52 名艇员全部阵亡。

它的战绩曾是如此出众，但仍然难逃覆灭的命运。或许 U－571 号与那些葬身海底的德国潜艇官兵一样，从他们开始被卷入战争的那一天，就已经注定了悲惨的结局。

历史上最袖珍的潜艇
——XE-3 号潜艇

艰难诞生——袖珍潜艇曾被丘吉尔否决

自古以来,英国皇家海军傲气十足。它视战列舰和巡洋舰为掌上明珠,一向看不起潜艇,对袖珍潜艇更是不屑一顾,认为那只是少数发明家荒诞离奇的怪想,根本就不能成为有效兵器。第一次世界大战爆发后,潜艇堂而皇之地登上了海战舞台,皇家海军这才纠正自己的偏见,准备建造一批袖珍潜艇,用它们来突入敌港,攻杀敌舰船。

这个主张遭到了时任海军大臣的温斯顿·丘吉尔的坚决反对,理由很简单,这样干,危险,艇员无安全保证。第二次世界大战一拉开战幕,英国便处境艰危,皇家海军落到了背水一战的境地,为了赢得战争,它不能再顾及许多,唯有使出浑身解数,来打击对手,袖珍潜艇这才时来运转,成为皇家海军手中的秘密武器。

1909 年,海军中校 G. 赫尔伯特最早提出了袖珍潜艇的设想。1915 年,设计师罗伯特·戴维斯拿出了第一个有 3 名潜员的袖珍潜艇设计图。但是,这些人对潜艇的探索还处于初级阶段。经过长期对意大利微型潜艇的研究,海军中校克伦威尔·瓦利逐渐掌握了袖珍潜艇的秘密,瓦利中校拿出了自己的方案,但同样也被皇家海军否决了。几年中,瓦利冒着战争的危险跑到意大利学习,功夫不负有心人,1940 年,英国海军部接受了海军中校克伦威尔·瓦利的方案。瓦利的袖珍潜艇长为 15.25 米,有一个逃生舱。第一艘建成时,代号叫 X 型艇。

1944 年,瓦利对设计作了改进,并建成了 11 艘,称为 XE 型艇。这年 7 月,其中 6 艘潜艇由“邦纳文彻”号搭载,被运到远东参加对日作战,其中 XE－3 号潜艇则被留在了大不列颠。

特色潜艇:小巧的 XE－3 号

XE－3 号潜艇性能参数

排水量:36 吨　　**下潜深度**:30 米

艇水:15.25 米　　**最大航程**:12 海里

艇宽:1 米

XE－3 号潜艇不是大型潜艇的小型化,这个“小”,就是它的特色。它的使命是突入敌港,攻击停泊舰船,在海上则是基本上没有作战能力。所以,XE－3 号潜艇没有上层建筑,不携带鱼雷,艇体被分成四个舱,排水量仅 36 吨。1 号舱(艏舱)是蓄电池舱;2 号舱是逃生舱,蛙人也从此舱出入袖珍艇,进行艇外作业;3 号舱是控制舱,舱内装有操舵装置、平衡系统、潜浮系统等操纵机构,还有空调设备、潜望镜等;4 号舱(艉舱)是机舱和电动机舱库,并装有压缩空气机。

袖珍艇有 3 个主压载水柜,一个速潜水柜。装备为两个浮筒,分别挂在艇的左右两舷,里面可以装定时磁性水雷,亦可装高爆炸药。此外,XE－3 号艇上还装有一个强有力的割网器,蛙人可以用它割破防潜网。

这些与众不同的装置让 XE－3 号拥有了自己的独门秘籍,XE－3 号的噪声很低,这样便易于接近目标而不易被敌方发现,适于在近海、狭窄海域或浅水海区执行一些特种任务,如破坏敌人海上

XE－3 号潜艇

交通运输线、输送特种侦察队员登陆、对敌岸基地或锚泊舰船进行袭击、爆破等。

XE－3 号潜艇除装有导航和通信系统等通用设备以外，还能根据艇的排水量和使命，装备水雷、炸药、鱼雷、导弹、红外成像装置、激光测距仪及电子对抗装置等。正是具备了这些特点和所起的特殊作用，XE－3 号潜艇在战场上大放光彩。

黑夜出击：XE－3 号击杀“高雄”号

1941 年 12 月 10 日，英国皇家海军的两艘战列舰“威尔士亲王”号和“反击”号在马来亚半岛附近水域被日本岸基飞机击沉。不久，驻新加坡的英军司令又做了日军的阶下囚。

1945 年夏，大西洋上硝烟刚刚消散，英国皇家海军便调集重兵，其中就有 XE－3 号潜艇，转战印度洋和太平洋，其首先打击的目标就是新加坡的日军。

据侦察，新加坡港内泊有日军的巡洋舰“高雄”号。“高雄”号长 203.765 米，宽 19.52 米，型深 10.97 米，吃水 6.32 米，几经改造,标准排水量达 13400 吨;火力猛,装有 10 门 203 毫米主炮,8 门 127 毫米副炮,36 门 25 毫米炮,4 具四联装 610 毫米鱼雷发射管,备用鱼雷 24 枚;装有两部弹射器,3 架水上侦察机;舰员编制 835 人。1944 年 10 月下旬,它随粟田健男海军中将率领的中央部队进击莱特湾,在巴拉望水道遭到美国“海鲫”号潜艇攻击,因伤重被迫撤离战斗。

英国皇家海军准备先从“高雄”号下手,为此还制订了一个特别行动计划。

特别行动计划的要旨是:XE－3 号艇由“冥河”号潜艇从文莱基地拖曳出海,前往距新加坡港大约 40 海里的出击水域。航渡期间,袖珍艇每隔 4 小时上浮换气,其余时间一概在水下潜航。艇由航渡艇员驾驶,战斗艇员则搭乘母艇,以养精蓄锐,到达出击水域后,战斗艇员再替下航渡艇员。然后解下拖缆脱离母艇独自进港。

1945 年 7 月 30 日深夜。在新加坡海峡口外的洋面上,一艘圆木状的小艇正破浪行驶。它,就是英国海军的 XE－3 号袖珍潜艇。

XE－3 号艇的战斗艇员主要为 I. E. 弗雷泽海军上尉、W. L. 史密斯海军中尉和 J. J. 马金尼斯一等兵,艇长是弗雷泽。这时,他正站在袖珍潜艇上,全神贯注地搜索着前方水域,指挥着袖珍艇向前航进。

XE－3 号艇沿柔佛海峡缓缓行驶,经普劳德公岛,直抵新加坡海峡入口。日军已在峡口外布下了水雷场,水道内则设有监听声呐。严密监视着过往船只。为了避免被察觉,弗雷泽下令小艇改向,驶进了水雷场。

天空蒙蒙发亮,峡口外晨风吹拂,微波荡漾。弗雷泽手举望远镜,前方出现了一个暗影。暗影在逐渐放大,两侧还有两个移动的黑点。他判断,目标是一艘油轮和两艘护航舰只。它们姗姗而来,恰好处在 XE－3 艇进港的主航线上。

弗雷泽赶忙钻回舱内,关闭了出入口盖。史密斯打开了注排水阀,水柜注水,空气吱吱外窜。柴油机停止工作,电动机驱动螺旋桨,发出了一片嗡嗡嘤嘤的响声。峡口水浅,XE－3号艇缓缓下潜,准备潜坐海底。突然,艇底传来一声怪响,像是系泊浮筒碰撞艇体的声音。史密斯、马金尼斯惊恐地望着弗雷泽。袖珍艇或许潜坐在一枚水雷上面。此刻,它随时都有可能引爆水雷、被炸得粉身碎骨。

控制舱内狭小拥挤,闷热难熬。空气逐渐污浊,人体和各种设备、仪表发出的气味,令人头昏脑涨。水听器内,传来了螺旋桨平稳、沉闷的击水声,伴之以护航舰只螺旋桨快速、尖细的嗡鸣。噪音越来越大,犹如滚滚雷霆,从一侧驰过。时间一秒一秒地过去了,噪音又开始变弱,慢慢地,便消失得无声无息。弗雷泽艇长嘘了一口气,他冲史密斯一努嘴,遂下令除去压载水柜。

XE－3艇浮出水面,水雷没有爆炸。弗雷泽打开了出入口盖,一边给艇内更换空气,一边让舵手启动了柴油机。袖珍潜艇低速前行,大摇大摆地驶向新加坡港,直到望远镜内出现了一艘拖网渔船,它才下潜到潜望镜深度,偷偷摸向目标。

在拖网渔船附近,日本人下了防潜网。弗雷泽用潜望镜扫视着水面,不肯放过半点蛛丝马迹,10点30分,XE－3号艇一驶到拖网渔船的正前方,他就让马金尼斯出艇。蛙人马金尼斯身穿潜水衣,肩背水中呼吸器,早已作好了出艇准备。他的任务是:用割网器割破防潜网,为袖珍艇进港开道。

弗雷泽在原处徘徊不前,等待马金尼斯。马金尼斯动作麻利,很快就割开了防潜网。弗雷泽一直注视着马金尼斯的举动,见状立即收回潜望镜,低速驱艇驶过了拖网渔船,相距只有几米,水面上没有留下航迹,日本人没有察觉。袖珍艇顺利地钻过了防潜网。继续往前。水道开始变窄,港内,交通艇来来往往。这时,袖珍艇只要稍有闪失,就会暴露目标。弗雷泽不敢大意,他升起潜望镜,负责导航和搜索目标;史密斯密切注视着深度计,保持小艇在潜望镜深度行驶;舵手则全神贯注,根据弗雷泽下达的舵令操艇。在艇上,马金尼斯反倒无所事事,比较轻松。

XE-3 号艇驶向港内深处,潜望镜内,弗雷泽忽见一艘满载水兵的交通艇从一旁驶来。他赶紧降下了潜望镜,看看表,时间已是 14 点整,装有 10 门 203 毫米炮的敌人重巡洋舰到底锚泊在哪里呢?

交通艇开走之后,弗雷泽又升起了潜望镜。沿着敌艇的行进方向,终于他找到了大炮高昂的“高雄”号。他迅速测定了航向和距离,然后下令下潜。

XE-3 号艇贴着海底向前蠕动,并用罗经导向。弗雷泽眼盯手表,计算着时间。30 分钟过去了,袖珍潜艇仍未找到目标舰。舵手小心翼翼,继续操艇缓行。忽然,艇艏猛地撞到了重巡洋舰的圆舭上,发出了惊人的响声,如同一柄重锤,敲打着一个空心钢壳。袖珍艇身子一歪,险些翻覆。

弗雷泽企图钻到“高雄”号底部施展手脚。XE-3 号艇几次进入,都撞上了重巡洋舰的外壳。整整用了 40 分钟,他才如愿以偿,找到了一个比较理想的位置。

救生舱内注满了海水,马金尼斯作好了出艇准备。但是当他用力去推舱盖时,舱盖却被“高雄”号舰底压住,只能半开。马金尼斯无可奈何,只有放掉水下呼吸器中的部分空气,让背上的空气袋下瘪,才勉强钻出了舱口。

在“高雄”号长满海藻、贝壳和藤壶的底部,马金尼斯足足爬了半个小时,才布下 6 枚磁性固定附着水雷。6 枚水雷分散在大约 15 米的距离上。他的手多处被划伤,以致当他返回逃生舱,打开阀门排水时,都感到相当吃力。

在 XE-3 号艇的左舷,挂的浮筒内装水雷。为了保持艇的平衡,右舷同样挂有一个装高爆炸药的浮筒,马金尼斯刚开阀门给逃生舱排水,弗雷泽便下达命令,将左右舷的浮筒同时放掉。接着,袖珍艇开始倒车，试图从“高雄”号底部抽身撤走。然而，意外事故发生了，XE－3号艇像被舰体卡住了，动弹不得。弗雷泽采取了紧急措施，他一会儿给水柜注水，让艇下坐；一会儿排水，让艇上浮；时而他令小艇全速向前，时而，又全速后退。但是，折腾了将近一个小时，袖珍潜艇仍然没有活动的征兆。

弗雷泽心急如焚。不久，水雷和高爆炸药浮筒会相继爆炸，袖珍艇再不能及时撤离，就要和“高雄”号同归于尽了。他看看史密斯和舵手，两人光着膀子，浑身大汗淋漓，脸上流露出焦急的神态。就在这时，XE－3号艇又生意外，它猛地向后蹿出，不住地扭动身子，浮出了水面。弗雷泽大惊失色，小艇和日舰近在咫尺，一旦被敌人发现，那就注定难逃厄运。或许是距离太近了，日舰全然没有察觉。

XE－3号艇紧急下潜，重新潜坐港底。弗雷泽试图保持艇的平衡，但左舷仿佛被一只巨手往上托似的，难以控制，直到这时，他才明白，原来，在他释放左右舷的浮筒时，左舷浮筒未能放掉。马金尼斯匆匆出艇，他抽掉了固定浮筒的螺栓，前后只用了七分钟。

XE－3号艇如释重负，很快恢复了平衡。它上浮到潜望镜深度，驶向外海。不久，它重新钻过防潜网，穿过水雷场，平安赶到出击点，找到了“冥河”号潜艇。日舰完全丧失了出海作战能力，只有困居港内，束手待毙。

日本投降后，英军扣留了“高雄”号，1956年10月29日，又将它炸毁在马六甲海峡。

XE－3号艇夜袭“高雄”号，取得了圆满成功。参加这次作战的四名官兵都受到了表彰，艇长弗雷泽和蛙人马金尼斯还获得了英国军人的最高荣誉——维多利亚十字勋章，在二战期间，英国皇家海军总共只有28人获得这项殊荣。

值得记住的“东洋恶龙”——乙型潜艇

“恶龙”降世：日本海军阴谋得逞

太平洋战争爆发前，日本一种新型的乙型潜艇加入了日本联合舰队。这种集强大攻击力、远程续航力、水面高速和独特侦察能力于一体的水下“恶龙”在太平洋和印度洋猖獗一时。但是日本人保守的使用观念使得它未能充分发挥作用，在盟军强大的反潜力量面前很快损失殆尽。

日本作为一个岛国，两次海战的胜利奠定了其崛起的基础，因此一直以来非常重视海军新兵器的发展，潜艇便是其中之一。

日本早在 1905 年就着手从美国购买了五艘潜艇，组成了第一支潜艇部队。购买这些潜艇除了壮大军力的因素之外，更多的是一种技术引进的手段，以此来达到学习和自行建造潜艇的目的。很快，在 1906 年 4 月，位于日本神户的川崎重工即为海军建造了 6 号和 7 号潜艇。之后日本先后引进和自建了多批多型号的潜艇。

到了 1922 年，世界各海军强国在美国缔结《华盛顿条约》，条约规定日本的战列舰吨位为美英的 60%，日本在战列舰上便处于劣势地位。因此，日本提出了建造能远洋作战、具有水面高航速、可消耗英美军战列舰数量的大型潜艇。这就是后来的一系列的“海大型”潜艇。然而，“海大型”潜艇续航力无法满足需要，因为在日美之间爆发战争的构想中，该潜艇无法拦截从夏威夷绕道南洋群岛进攻的美国舰队，所以日本海军又提出了巡洋潜艇的方案。该方案潜艇的排水量从“海大型”的 1300 吨提高到了接近 2000

吨，后续甚至突破了2200吨。但是该型潜艇在大幅度提高续航力的同时，水上航速却有所下降。20世纪30年代中期，日本海军已经不满足于这两种潜艇分类体系，他们提出了新的方案，要求将两者的优点结合起来，发展出一种相对全面的混合型潜艇，作为主力作战的潜艇。

对日本有利的是，在1930年的《伦敦海军条约》中，日本争取到了52700吨的潜艇份额，该份额与美英一致。但是不利的是，该条约规定不能建造标准排水量2000吨以上、主炮口径超过127毫米的潜艇。由于当时美国有三艘V级潜艇，不但标准排水量超过2000吨，并且装备了潜艇上口径最大的152毫米火炮，因此单纯看数字的日本人如鲠在喉。为了避免违反条约，过早引起英美的强烈反应，日本海军将混合型潜艇的计划推迟，直到1937年。

1936年的12月31日，《伦敦海军条约》到期，日本抓住这个机会，提出了甲、乙、丙三种不同的混合型潜艇设计方案，并于1937年开工建造（条约过期如此之短的时间内，潜艇即开工建造，可见日本海军早有预谋）。

1940年3月，第一艘注重鱼雷攻击任务的丙I型潜水艇伊16号完成，其标准排水量达到了2184吨。

1940年9月30日，第一艘乙型潜艇伊15正式完工，其标准排水量略超过丙I型，达到2198吨。接着第二年有6艘乙型潜艇完工，1942年有10艘完工，1943年有3艘完工。前后合计20艘。其后，还曾经在乙型的基础上发展出乙改I型和乙改II型，前者建造6艘，后者建造三艘。日本的乙型潜艇一共建造了29艘。

不可小视的乙型潜艇

乙型潜艇性能参数

水上排水量:2589 吨
水下排水量:3654 吨
艇长:108.7 米
艇宽:9.3 米
水线长:106.9 米
垂线间长:102.4 米吃水 5.14 米

二战中,潜艇首要的武器是鱼雷。乙型潜艇的鱼雷发射管与甲、丙型一致,均集中于前部,不过在数量上有所削减,仅 6 具 53 厘米口径发射管,艇艏下方左右两侧各 3 具。不过,与前两型潜艇一样可发射九五式氧气鱼雷。该鱼雷为著名的 61 厘米九三式"长矛"鱼雷的缩小版,同样使用氧气作为推进动力,航迹不明显。雷体直径 53 厘米,长 7.15 米,重 1665 千克,携带压缩氧气 383 升,燃料 50 升,雷头装药 405 千克。航速设定为 49 节时,射程 9000 米;航速设定为 45 节时,射程 12 000 米。由于威力巨大,一般 1 枚就能击沉一艘驱逐舰。而在该艇上一共可携带 17 枚该种鱼雷。

此外,潜艇后甲板还装备有 1 门 40 倍口径的大正十一年式 140 毫米中型火炮,用于水面作战、对岸轰击和射击不值得使用鱼雷攻击的目标。该炮全重 3.84 吨,炮长 5.9 米,身管长 5.6 米,射速 5 发/分,炮弹初速 705 米/秒,射程 16000 米。指挥塔后部还装备有 1 座九六式双联装 25 毫米机关炮,用于防空(比甲型减少 1 座)。为防止海水浸入炮管,造成侵蚀,炮口都有密闭装置。艇桥最后方的 1.5 米测距仪为 140 毫米炮提供测距服务。其测距范围为 250 ~ 15000 米,放大倍率 18 倍。

对于潜艇来说,观测和水声侦听设备是其战斗力强弱的关键因素，纵然有强大的鱼雷，无法有效地追踪和找寻猎物等于无的放矢。

乙型潜艇在艇桥上装备制式九三式防水双筒潜望镜。该潜望镜于1933年开始装备潜艇部队，依照安装物镜的直径可分为12厘米和15厘米两种，前者装备小型和中型潜艇，后者装备大型潜艇，乙型就是装备的后者。该潜望镜最大放大倍率20倍，该放大倍率下视角3度。乙型潜艇上有2只潜望镜，前后并列于艇桥上，靠近艇艏的为昼间使用的，另一只为夜晚专用的。

该型艇还装备1933年开始服役的九三式水中侦听器和九三式探信仪（其实就是被动声呐和主动声呐）。前者是1932年从德国进口的法国制造的水下侦听器。日本海军测试的结果表明，该设备要比美国的MV水下侦听器的效果更好，因此在国产化之后成为潜艇和驱逐舰的制式装备。后者也是太平洋战争初期的潜艇制式装备，该设备对12节航行的驱逐舰探知距离为1500米。但与水下侦听器相比，探信仪的使用效果要差。

通讯设备包括司令塔后部的升降式短波天线，以及后部甲板的起倒式长波天线，后者能在不超过20米的深度接收信息。电文的接收和处理则都在司令塔内的电信室，4名电信员分成两班各24小时轮流负责。

乙型潜艇为了获得水面高速，采取超过10:1长宽比的细长型艇体，艇艏形状也是适合水面高速航行的设计。艇艉有大型排气孔。其整体外观与甲型潜艇非常接近，但是由于没有甲型潜艇的那些旗舰设备而司令塔相对较小。艇体则采用双壳体设计，人员和主要设备都集中于艇体中部一个直径约5.6米的耐压壳体中。前部往后依次是鱼雷发射室、水兵和士官室、指挥所、动力舱、后部水兵舱。电池组集中在水兵和士官室的下方。在两层壳体之间除了压载水舱之外，左右两边还各有4个辅助平衡水舱。负责调节艇体在水中的姿势。该艇安全潜深约100米。

艇体中央内部的指挥所是整艘潜艇的核心，里面容纳了各种通信设备、指挥设备和操舵设备等，有一层甲板将其与下部辅助机械设备分开。而潜望镜的通道从司令塔穿过耐压壳体和这层甲板直到耐压壳体的下半部分。平时潜望镜的主体部分就存放于甲板下部的潜望镜容纳筒中，一旦需要则通过液压设备将其提升到合适位置，以便艇长通过它观察海面情况。

该型艇动力设备为2台日本自行设计生产的舰本式甲IOD型柴油机，单机功率7000马力，实际单机输出功率6200马力（每分钟350转），双轴推进。如此大的动力加上良好的水面艇形，使得乙型潜艇水上航速高达23.6节。水下则使用2台主电动机，单台最大输出功率1000马力，每分钟163转，最高航速达到8节。另外，艇上还有2台850马力的发电机组，为艇上提供机械和照明所需的电力。

潜艇底舱储备淡水和燃油，该艇总共能携带774吨重油和22吨滑油，使得水上续航力可达14000海里/16节。此外，底舱的电池组为2号5型，总共由360个铅酸电池组成。如果以3节航速航行，可使用32小时，续航距离为96海里。在二战中，潜艇一般水下续航距离在60海里，由此可见乙型潜艇大型化的好处。

艇上食品主要存放在水兵室的后方，储备量按全体艇员3个月的需要量为标准配备。因此，在太平洋海战中，以潜艇为主要作战兵力的第6舰队，通常对自港口出发3个月后失去联络的潜艇上的艇员，按照战死判定。

此外，由于艇内温度和湿度高，实际新鲜蔬菜和肉保鲜时期在一周之内，因此通常艇员在前5天对食物比较满意，而5天后连续食用干燥野菜、粉末酱油和腌制品时，就对食物表示不满，并出现食欲减退现象。

乙型潜艇原来是作为航空侦察的加强型而提出的，因此其最有特色的就是在指挥塔前部有一圆形的半埋式水上飞机机库，可以容纳1架九六式或零式水上侦察机。水上侦察机在机库内采取拆解的方式储运，一旦需要时，重新装配之后使用。发射时，使用弹射器。回收时，飞机降落在海面，由潜艇甲板上的吊车负责回收。

“乙型”结局：一生罪恶史，魂断太平洋

1941年12月8日太平洋战争爆发时，日本海军总共有7艘乙型潜艇完工。这些潜艇刚服役就全部参加了珍珠港袭击作战。其中伊15、伊17、伊25配置在瓦胡岛东北，负责掩护南云机动舰队和截击敢于出海反击的美军舰队；伊19、伊21、伊23组成巡逻部队，航行于南云机动舰队前方，为其开道，提供警戒；伊26则单独航行至阿留申地区，进行侦察和警戒活动。后来7艘艇全部参加了对美国西海岸的破坏作战。

随着战线和战局的变化，1942年和1943年完工的乙型潜艇，主要投入到了澳大利亚、所罗门群岛和印度洋战线，进行交通破坏和侦察。这两年也是乙型潜艇活跃的高峰期，先后击沉美军一艘航母、一艘巡洋舰、两艘驱逐舰，击伤一艘航母、一艘战列舰。在交通破坏方面，最突出的就是伊27号游猎印度洋，在1943年一年击沉13艘商船。但是截至1943年底，开战之初的7艘乙型潜艇除了伊26号之外，已经全部损失，1942年服役的乙型潜艇也损失一半，因此1943年开始服役的乙改I型潜艇挑起了大梁。这些潜艇除了首艇伊40号之外，其余都先后加入了第15潜水战队，投入到一线作战。但是，日军从1943年开始已经彻底转入战略防御，而且日本海军对潜艇使用没有提出合适的战术，所以发挥的作用有限。甚至如伊38号潜艇，终其一生主要任务就是运输物资。由于美军反潜力量强大，到1944年底，除了伊36、伊44和两艘完工不久的乙

改II型潜艇,所有的乙型潜艇都损失了。战后,仅存的伊36和伊58号潜艇被美军接收,沉海处理。

此外,为了适应战争的需要,日本海军还曾经将一些潜艇改装为可携带特种攻击潜艇的母艇。乙型的伊27和伊28,改装后可搭载甲标特种潜艇;乙型的伊36、伊37以及乙改I型的伊44,改装后可搭载4艘回天攻击潜艇;乙改II型的伊58也大约在1944年12月进行了回天潜艇搭载的改装。

乙型潜艇是日本潜水艇历史上重要的一篇,总共建造了29艘,在建造数量上仅次于海大型(37艘),是日本建造数量较多的大型潜艇之一。由于其续航力远,水上航速快,活动范围广,武器装备强大,数量众多,因而成为太平洋战争期间各条战线的重要支柱力量。其击沉商船吨位占全日本潜艇部队击沉的42%,其中伊27更是创下击沉15艘商船、击沉和击伤吨位99359吨的日本潜艇部队纪录。而日本潜艇部队中击沉和击伤吨位(包括商船和军舰)4万吨以上的12艘潜艇中,乙型有7艘之多,并且在前六名中占了五席!更可怕的是,其本身建造的目的就是作为监视和削弱美军太平洋舰队的侦探和杀手,因此美军军舰所遭受的潜艇攻击,也大多来自此型潜艇。“黄蜂”号航母、“印第安纳波利斯”号重巡、“朱诺”号轻巡(CL-52)均遭其毒手,“萨拉托加”号航母、“桑提”号护航航母、“北卡罗来纳”号战列舰、“里诺”号轻巡(CL-96)也曾受其荼毒,可谓威胁巨大。

尽管乙型潜艇在二战初期猖獗一时,但是由于其自身的缺陷和战术运用的失策,很快就在美军强大完备的反潜力量面前损失惨重。

首先从技术上讲,日本海军自行研制的柴油机噪声巨大(这是单纯追求输出功率的结果),诚如美国海军一名声呐士官所言:“日本的潜艇航行如同敲着大鼓行进。”这样大的噪声很容易被美国驱逐舰探测并发现。而且美军凭借雄厚的工业基础和强大的研发能力,给军舰装备了多种对海搜索雷达、声呐设备和电子对抗设备,在技术上完全压倒了日军。其次,从战术角度讲,美军反潜力量全面完善。由于美军参与大西洋反潜战,积累了一系列经验,因此建立了从航空、水面舰只乃至潜艇的全面的反潜作战体系。

而日本海军按固定思维将潜艇用于进攻防守严密的美军舰队,忽视破交和攻击商船(日本人认为攻击商船不能体现其勇武精神),对攻击商船使用鱼雷横加限定,更可笑的是居然不顾实际作战需要,实行所谓定时上浮汇报制度,造成潜艇部队损失巨大。

最终,29 艘乙型潜艇落得个近乎全军覆没的下场,除 2 艘坚持到战后、1 艘因事故沉没和 2 艘沉没原因不明之外,其余 24 艘均被确定击沉,其中 12 艘被军舰击沉,5 艘被潜艇击沉,3 艘被飞机击沉,3 艘被军舰和飞机共同击沉,1 艘触雷沉没。

乙型潜艇曾经在二战初期拥有不菲的"战绩"。但是,这些"战绩"只能增加它的罪恶,它的"战绩"越辉煌,罪恶也就越深重。最终,乙型潜艇走向末路。

重型航母的终结者
——"大青花鱼"号潜艇

二战功臣:"加托"级潜艇

"加托"级潜艇是美国海军在第二次世界大战中的主力潜艇,也是混用柴油引擎及电动机的常规动力潜艇,又称"小鲨鱼",其改良型为"白鱼"级、"丁鱼岁"级。

"加托"级潜艇继承"塔波"级潜艇的设计,将其大型化并延长了水下及水面的续航距离。"加托"级从 1941 年到 1942 年有 73

艘服役。

“巴拉欧”级潜艇用高张力钢材建造与“加托”级潜艇相同的船体，潜水深度比“加托”级又有所提升。其他的差别不大。“巴拉欧”级的建造数是132艘，服役期从1943年到1947年。

“丹基”级潜艇稍微改良“巴拉欧”级潜艇的设计，压舱和燃料槽的位置有变动。预计建造146艘，不过由于第二次世界大战的终结，其大半中止建造，仅有31艘在1944年至1951年服役。

这些潜艇对日本和德国进行通商破坏，堵塞战略物资运输，成为战争胜利的幕后功臣。

在太平洋战争初期由于珍珠港事件的严重损失，太平洋舰队没有足够军舰去阻止日军咄咄逼人的攻势，潜艇部队（主要是“加托”级）发起闻名的“狼群作战”打击日本通往太平洋诸岛的交通线，给太平洋舰队争取了宝贵的备战时间，得以在后来中途岛海战、瓜达尔卡纳尔岛战役中扭转局势，最终击溃日本联合舰队。

“大青花鱼”号潜艇

正当日美双方陷入血腥的瓜达尔卡纳尔岛战役，太平洋舰队因为四次海战（第一、第二、第三次所罗门海战和圣克鲁斯海战）损失惨重时，“加托”级潜艇再度发挥巨大的作用，袭击日本运输舰队，孤立该岛日军使美军获得最后胜利，有海军历史学者曾夸张地说：“瓜达尔卡纳尔的日军在后来得亲手割稻为粮，因为已经没有补给了。”（“加托”级潜艇把日军运输线切断了。）其实日军的补给并非全为美军潜艇所阻止，一大部分是被“企业”号等美军投入的水面舰队及进驻瓜达尔卡纳尔岛亨得森机场的“仙人掌”航空队所拦阻。即使如此，潜艇仍功不可没。

除了打击运输线，“加托”级潜艇在战役场面表现也相当抢眼，菲律宾海海战中“竹荚鱼”号（SS－244）击沉日本海军航空母舰“翔鹤”，“大青花鱼”号（SS－218）击沉航空母舰“大凤”号，在该战役中取得比美国航空母舰更辉煌的战绩（航空母舰部队仅击沉一艘“飞鹰”号）。还有莱特湾海战的锡布延海战中，“海鲫”号（SS－227）击沉重巡洋舰“爱宕”，“鲦鱼”号（SS－247）击沉重巡洋舰“摩耶”。

可见“加托”级潜艇不仅对运输船，对有战斗力的军舰也构成巨大威胁。另一方面，改良型“巴拉欧”级的“嘉鱼”号（SS－328）击沉轻巡“五十铃”，“射水鱼”号（SS－311）在战争结束前击沉航空母舰“信浓”（由“大和”级战舰改装，比当时世界上所有航空母舰都大一倍以上）。“加拉欧”号（SS－368）击沉轻巡洋舰“多摩”，“红鱼”号（SS－395）击沉航空母舰“云龙”，大西洋“白鲳”号（SS－411）击沉航空母舰“神鹰”，日本执行反潜任务的驱逐舰和海防军舰也多数被击沉。

战争结束之前“剑鱼”号（SS－220）、“银边”号（ss－236）、“闪光”号（SS－249）、“拉雪”号（SS－269）击沉了共计 90000 吨以上的军舰和船只。战后，对各舰有不同的处理，有的被作为训练军舰和靶舰使用；“加托”级 5 艘、“巴拉欧”级 8 艘、“丹基”级 2 艘共 15

艘作为纪念舰而被保存下来；卖给阿根廷的“巴拉欧”级潜艇“凯特菲修”号（SS－339）则在福克兰群岛战争中因损伤而被弃，最后被英军击沉。

高速潜艇的祖先

“加托”级“大青花鱼”号潜艇性能参数

艇长：95 米
艇宽：8.2 米
吃水：4.6 米
水上航速：20.75 节
水下航速：8.75 节
续航力（水下）：96 海里/2 节
安全潜航深度：90 米
动力：4 座柴油引擎，6500 马力
4 座电动机，740 马力
2 轴推进
武器装备：533 毫米鱼雷发射管
376 毫米炮 1 炮
20 毫米机关炮 2 门
编制：80 人

说起“大青花鱼”号，大家可能不大熟悉，因潜艇形如青花鱼而得名。该艇采用类似飞艇的、沿水平轴线对称布置的回转形艇体和十字形布置的尾操纵面，使螺旋桨处于水滴形回转轴线上，这成为潜艇外形发展的一大突破。这样，潜艇不但下潜变得更容易，而且还具有了更优良的机动性。

“大青花鱼”号是美国海军的常规动力高速试验艇，主要用于试验流体动力学。潜艇艇体第一次采用鲸类的流线型，因而它比当时其他的常规潜艇速度快，机动性好。

“大青花鱼”号经过几次改装，其中第三次改装将艉舵改成 X 形结构，也就是将以前的布置相对地转过 45 度，用以提高舵的效率。第四次改装采用了银锌电池和反转螺旋桨，大幅度提高了水

下推进电机的单机功率,由 6500 马力提高到 15000 马力。此外,在“大青花鱼”号潜艇上还进行了声呐和其他许多设计方案的试验,试验取得明显效果的是艇的外形。美国的“鲣鱼”级攻击核潜艇就是采用了这种水滴形从而减小水下阻力达到高速性的。

“大青花鱼”号对后来的潜艇设计产生了很大的影响,成了世界各国建造高速潜艇(不论是核潜艇还是常规潜艇)的主要标本。美国的“海狼”级潜艇、日本的“春潮”级潜艇等,基本上都按此结构设计。

扬威太平洋:“大青花鱼”号绞杀“大凤”号

有人说美国人崇尚实用主义,很多人都赞同,他们在建造潜艇时也是这样。1943 年,美国“大青花鱼”号潜艇建成,1944 年,在菲律宾大海战中,“大青花鱼”号潜艇一举击沉 2 艘日本航空母舰,奠定了此次海战胜利的基础。

第二次世界大战中,航空母舰之间的战斗仅仅发生过 5 次,其中规模最大的一次是马里亚纳海战。马里亚纳海战同珊瑚海海战、中途岛海战、第二次所罗门海战以及圣克鲁斯海战时的情况不同,美国航空母舰数量大增,飞行员和飞机也比两年前好得多,而日本,却不顾日趋衰败的真正危险,大量消耗精锐的航空兵力。

日本人再次试图在加罗林群岛西部水域进行决战,实施“阿号作战计划”。

1944 年 6 月 15 日,美军在塞班岛登陆,这是日本人实施“阿号作战”的起因。塞班岛是日本内防御圈的关键岛屿,它使日军把盟军远程轰炸机拒于国门之外。为了弥补海军飞机数量的不足,日本人期望在塞班岛以西水域与美军决战,即在关岛、雅浦岛和罗塔岛日本岸基飞机的作战半径内与美国人决战。

3月初，日本海军进行大规模改编，把联合舰队的兵力改编成几支同美国特混舰队类似的部队。第1机动部队由海军中将小泽治三郎指挥，分成3个航空母舰部队：

第1航空母舰部队（甲部队）："大凤"号、"翔鹤"号和"瑞鹤"号；

第2航空母舰部队（乙部队）："飞鹰"号、"隼鹰"号和"龙骧"号；

第3航空母舰部队（丙部队）："千岁"号、"千代田"号和"瑞凤"号。

日本人的情况相当不妙，小泽没有足够的优质燃油以使他的航空母舰离开基地，从而在更远的距离上作战。美国潜艇的游猎使日军的燃油补给严重不足，小泽的军舰被迫使用容易挥发的、不纯的、未经加工的婆罗洲原油。

小泽的第1机动部队规模庞大，在这以前，日本海军还没有哪一位将领指挥过如此规模的航空母舰部队。但是，配备飞行员却十分棘手。他们煞费苦心，把1943年在腊包尔被歼灭的前航空队的残余飞行员拉来，为第1航空母舰部队组编飞行队，1944年2月勉强凑齐。同样，第2航空母舰部队各飞行队的架子，是1944年1月在腊包尔遭到沉重打击的一支航空队。第3航空母舰部队的飞行队，也在2月初组成。这些飞行队配备了新式52型"零"式战斗机、"彗星"俯冲轰炸机和"天山"鱼雷机。在航速比较低的轻型航空母舰上，"彗星"轰炸机不能起降。

日本航空母舰在新加坡进行短时维修后，便开往婆罗洲东北面的苏禄群岛的塔威塔威群岛前进基地，准备在这里训练那些没有作战经验的飞行员。由于盟国潜艇非常活跃，计划遂告落空。5月22日，"千岁"号被2枚鱼雷击中，鱼雷没有爆炸。这里很不安全，日本人没敢再让第1机动部队出海操练，加上塔威塔威群岛没有机场，这些时运乖蹇的飞行员始终没有机会提高自己的飞行技术。

小泽部队将由马里亚纳群岛岸基航空部队(司令官角田觉治海军中将)进行空中支援。日本舰载机没有采用自封油箱和保护飞行员的装甲,所以续航力比美国飞机大。小泽预计,战斗将在日军岸基飞机作战半径之内展开,而且,在驻马里亚纳群岛的日军岸基飞机削弱敌人之后,他还可以用舰载机攻击敌人。小泽的企图是,让舰载机在攻击美国第 58 特混舰队之后去关岛加油装弹,返回时再对敌人实施第二次攻击。如果刮起东贸易风,他的舰队就处于下风方向,可以一面接敌,一面让飞机起飞和降落,而美国航空母舰在作战的时候则时刻处于顶风,特别是在收回飞机的时候。作战计划对于侦察的规定,比中途岛海战时要好得多。小泽决心避免不能及时发现敌航空母舰的错误。

第 58 特混舰队隶属于斯普鲁恩斯海军中将指挥的第 5 舰队。斯普鲁恩斯指挥才能高超,他不仅赢得了中途岛海战的胜利,也无疑避免了一次失败。斯普鲁恩斯正确地认识到自己的主要任务是掩护塞班岛的登陆部队,于是,他将 4 个特混大队用来堵击小泽的进攻,时刻防范小泽舰队向北或向南移动。斯普鲁恩斯第一次从特混大队中抽出战列舰,组成由威利斯 · A 李海军中将指挥的炮火支援舰群。日本飞机如果要染指美国航空母舰,它们在对付每一支美国特混大队的空中战斗巡逻和突破美舰的高射炮火之前,首先会遭到美国战列舰的高射炮火的猛烈堵截。

6 月 14 日,日本第 1 机动部队驶离塔威塔威,第二天被美国潜艇发现,第 5 舰队随即处于全面戒备状态。早在 6 月 11 日,日本岸基侦察机就曾与第 58 特混舰队有过接触。为了预防日本飞机的袭击,美军先发制人,由 208 架舰载战斗机组成的庞大机群对日军机场进行了首次毁灭性袭击:由于角田在攻击第 58 特混舰队计划上的失策,硫黄岛和父岛两个中间机场失去了作用。接着,关岛和罗塔岛的机场也被摧毁。运气不佳的小泽将面对一支实力没有受到削弱的美国快速航空母舰部队。角田没有把发生的情况通知小泽,这是令人费解的。结果,小泽的处境更加困难。更有甚者,角田从设在提尼安岛的基地继续电告小泽,他的飞机歼灭了大批敌机和敌舰。事实上,每次攻击都被美军击败,并遭到惨重损失。“阿号作战”要依靠关岛“储备”的500架飞机,但角田仍旧试图完成掩护所有其他基地的任务,抗击美军的牵制性空袭。6月18日夜晚,角田只派了50架飞机增援关岛,在向小泽报告时,他却自欺欺人,说该岛守备严密,飞机供给不成问题。人们只能作这样的推测,即角田为了保全面子而把小泽引入了歧途。角田应该知道,他的扯谎加速了“大日本帝国”的惨败。

小泽不知道他的对手完全没有遭到伤害。6月18日清晨,小泽的舰队排成战斗队形。前卫部队(丙队,由栗田海军中将指挥)有“千代田”号、“瑞凤”号和“千岁”号轻型航空母舰,排成横队,先于主力100海里。主力分成两队,甲队有“翔鹤”号、“大凤”号和“瑞鹤”号;乙队断后,有“飞鹰”号、“隼鹰”号和“龙骧”号。

次日9时左右,第一攻击波起飞,大约1小时后被美军炮火支援舰群的雷达发现。由于美舰高射炮火进行封锁,以及美国飞行员的高超战术和训练素质,美军彻底粉碎了这次袭击,日本人遭到了灾难性失败,一共起飞69架飞机,只有37架返航。此后,日军主力又发起了第二次袭击,出动110架飞机,又被美军炮火支援舰群的密集炮火粉碎,仅有31架飞机返航。

实施第二次袭击的飞机刚刚起飞10分钟,“大青花鱼”号潜艇突破日本驱逐舰的警戒,向日本旗舰“大凤”号航空母舰发射了鱼雷,1雷命中。日本人大难临头。鱼雷炸坏了前部升降机和加油管路,致命的汽油蒸气窜入机库。“大凤”号没有起火,经损管队6个小时奋战,该舰似乎得救了。舰长命令转入顶风航行,继续保持着26节航速。为了排除机库里的汽油蒸气,舰长命令打开所有的舱口盖和水密门。结果,汽油蒸气进一步扩散。15时30分,一台电动泵启动时发出的致命火花酿成了一次猛烈的爆炸。没有精炼的燃油挥发的气体是另一个危险源。航空汽油的爆炸引起了连锁反应,“大凤”号处于火海之中。“大凤”号大火熊熊,其他军舰无法靠近。16时28分,“大凤”号沉没,2150名官兵中仅有500人得救。

12时22分,另一艘潜艇(“棘鳍”号)发射的4枚鱼雷击中新的旗舰“翔鹤”号航空母舰。“翔鹤”号完全被大火吞没。15时10分,“翔鹤”号舰内发生爆炸,16时24分沉没。小泽的司令旗已经转移两次,最后又转移到“瑞鹤”号。小泽并不知道岸基飞机损失惨重,仍然坚持要与美国人决战,用剩下的102架飞机同美国人作一番较量。角田的报告使他相信,已有几艘美国航空母舰被击沉,相当数量的日本舰载机已经在关岛机场降落。这一切都是主观意愿。事实上,角田没有对第58特混舰队实施过什么大规模袭击,而小泽对他的报告却信以为真。

敌对双方这两支航空母舰部队没有马上交手。斯普鲁恩斯的航空母舰航速较快,到第二天下午发现了小泽舰队。这个情报被小泽截获,他立即下令停止加油,加大航速,准备攻击。6月20日15时40分,一架侦察机发现了日本舰队,但斯普鲁恩斯犹豫不定。如果立即下令攻击,那么,飞机要在300海里以外的海域作战,将在漆黑的夜里返回航空母舰,而有的飞机可能因燃油烧光无法返回。然而,这是打击日本舰队的最后机会,机不可失。16时20分,斯普鲁恩斯命令全面出击。16分钟后,由85架战斗机,77架俯冲轰炸机和54架鱼雷机组成的攻击部队全部腾空。

飞机在飞行甲板上的起降和往返飞行时间是航空母舰作战的关键。18时40分,当第58特混舰队规模庞大的攻击部队逼近日本航空母舰时,日本人只有80架飞机起飞迎敌。“飞鹰”号航空母舰中了2枚鱼雷后沉没,“隼鹰”号、“瑞鹤”号和“千代田”号航空母舰遭到重创,日本飞机和飞行员受到严重损失。日军总共损失将近400架舰载机,100架岸基飞机,还有一些水上飞机和绝大部分飞行员。这次海战,实际上宣告了日本海军航空兵的溃灭。

猎杀"信浓"号航母的潜艇——"射水鱼"号

军备升级:绝密武器"射水鱼"号

"射水鱼"号和"大青花鱼"号都是"加托"级潜艇。这两艘潜艇无疑是美国在二战中最有名的两艘潜艇。

"射水鱼"号出世之时,时间已到了1944年年末,日本与美国的海上军事力量已经有了极大的差距。在经历了5场航母大战(珊瑚海海战、中途岛海战、第二次所罗门海战、圣克鲁斯海战和马里亚纳海战)以后,联合舰队的主力航母或沉或重伤,能够作战的已经很少,日本海军已经到了山穷水尽的地步。

在日本联合舰队最为鼎盛的1942年,曾经有10余艘航母在海军服役,分别是:大中型航母——"赤城"号、"加贺"号、"苍龙"号、"飞龙"号、"翔鹤"号、"飞鹰"号、"瑞鹤"号、"隼鹰"号;轻型航母——"凤翔"号、"瑞凤"号,还有老式的"龙骧"号。但是到了1944年末,"赤城"号、"加贺"号、"苍龙"号、"飞龙"号在中途岛被击沉。"翔鹤"号和"飞鹰"号在马里亚纳被击沉,"隼鹰"号则在马里亚纳被重创完全失去战斗力,一直处于大修状态。"瑞鹤"号和"瑞凤"号在莱特湾被击沉,连早期充当训练舰的"龙骧"号也披挂上阵在瓜岛被击沉。只有"凤翔"号在1943年由于整体改造失败,导致该舰失去远洋航行能力,在战争最后三年该舰一直充当日本海军预备训练舰,一直保留到战后。

反观美国一方,凭借雄厚的工业实力,其海军实力在1943年末就远远地超越了岛国日本。珍珠港事件以后的美国只剩下三艘第一线的航空母舰,但到1944年初,美军航空母舰的数目猛增到50艘。海军飞机的数量从1941年的3638架上升到1944年的3万架,而且质量有了大幅度提高,潜艇的数量也从1941年的11艘增加到1944年的77艘。

"射水鱼"号正是美军新增的潜艇之一,它服役于1944年,服役不久,便在日本佐世保海域意外击沉出海的"信浓"号航空母舰。

火力威猛:拥有10具533毫米鱼雷发射管

"射水鱼"号潜艇性能参数

水上排水量:1526吨

水下排水量:2414吨

水上最大航速:20.25节

水下最大航速:8.75节

动力:柴/电推进,双轴

5400马力(水上)

2740马力(水下)

武器装备:1门4英寸甲板炮

1门10毫米炮

2挺50毫米口径机枪

10具533毫米鱼雷发射管

(艇艄6具/艇艉4具)

24枚鱼雷

编制:66人(含6名军官)

"射水鱼"号和"大青花鱼"号有一点很相似,它们都是二战后期美国开发的高速试验艇,水上的动力达到5400马力,水下也达到了惊人的2740马力。最大航速方面也有良好的表现,水面最大航速20.25节,水下为8.75节。

那"射水鱼"为什么只用四枚鱼雷就干掉了"信浓"号呢?除了"信浓"号内部原因外,"射水鱼"号强大的鱼雷系统也起到了至关重要的作用。"射水鱼"号破天荒地用了10具533毫米鱼雷发射管,可谓是火力强大到无与伦比。

实至名归:“射水鱼”号击沉最大航母

第二次世界大战期间的1944年11月27日,美国“射水鱼”号潜艇接到密令到日本的东京海域巡逻。

“射水鱼”号平静无事地开始了第一天的巡逻。向东航行约50海里,用潜望镜窥视东京湾的入口,见到远处隐约有富士山的影子。在17时18分“射水鱼”号上升。20时30分,舱面值勤人员已见到东京湾进口附近的兰滩波岛,在30°度处发现敌人目标:一个“移动的岛”。那个矮长的隆起物体正以20海里的时速驶向西南方。艇长下令全速前进。

原来日本“信浓”号航母在驱逐舰“浜风”号、“雪风”号和“矶风”号护卫下驶出大海时,近乎圆满的皎月正悬挂在天空中,对于这艘要在极度秘密中开始作500海里航行的航母来说是最理想的夜晚。此时在“信浓”号驾驶台上站着的是舰长阿部俊雄。他穿着整洁而合身的呢绒制服,神态严肃地挺立着。

“信浓”号和它的护航舰只都没有开亮航行灯光,以确保舱内任何照明都不会被外面看到。“信浓”号从一开始就被严格的安全保密措施所笼罩。为了掩护在东京湾西岸的横须贺海军船坞进行的建舰工程,船坞三面都筑起用波纹马口铁做的高墙,另一面则是一座峭壁。“信浓”号的几千名造船工人都不许离开船坞。

“信浓”号在建造中特别注意装甲。它的船体在吃水线之下装有巨大的防雷水密隔层,以便在鱼雷到达舰身前将其引爆减低破坏。同时,“信浓”号有极完备的防空设备。它的钢料总重量达17700吨,总排水量71890吨。“信浓”号是当时世界上最大的航空母舰。

“信浓”号于1944年11月9日正式服役。由于当时日本当局预料东京—横须贺地区会受到规模越来越大的轰炸，所以判定“信浓”号必须立即前往濑户内海吴港附近比较安全的海域，以完成舰上的装备，并配置足够的战斗机和轰炸机。“信浓”号的保密工作做得非常成功。当时美国海军的特别手册中并没有提到它。

现在“信浓”号已经进入公海，舱面值勤官向阿部俊雄舰长报告说：“长官，我们侦察到敌方雷达，频率和脉冲率表示它是从一艘美国潜艇发出来的，方位不明。”阿部听后对航海长说：“敌人已派了‘狼群’来对付‘信浓’号了。这艘潜艇一定是个诡计，想引开我们的掩护驱逐舰。”于是，舰上的播音系统宣布发现了敌方潜艇的雷达信号。阿部则从驾驶台上向远处眺望，神色十分镇定。

“射水鱼”号中的美军以为那个“移动的岛”是一艘油轮。但由于夜间能见度很好，还是决定进行海面攻击。同时猜想到日本军舰多半已经探测到“射水鱼”号的雷达信号。大约在21时40分，“射水鱼”号才观察到那条船像是一艘航空母舰，艇长立即决定干掉它。

经仔细观察发现，那个庞然大物有3艘驱逐舰为它护航。艇长知道要对一艘受到多艘护航舰保护的战舰进行海面攻击，有可能甚至还未进入发射鱼雷的射程，自己就被大炮轰得不知所踪了。如果要向航空母舰发射鱼雷，唯一的机会是“射水鱼”号必须继续以最快的水面速度航行，沿着与敌舰平行的路线前进，同时希望它会朝自己这边驶来。这时距最初发现那艘航空母舰已有一小时，“射水鱼”号已开始缓缓落后。艇上4副引擎都已开足马力，达到每小时19海里的最高时速。

可是胜利似乎有意要摆脱“射水鱼”号，因与舰群距离越来越远。就在这个时候，那艘领头的驱逐舰正在向自己这边驶来。

“信浓”号驾驶台上，航海长中村和助手田督少尉正忙于在航海图上标出这条船的航线改变。由于“信浓”号舰上锅炉的零件装配不足,12 座锅炉只有 8 座能操作,这就是说它的最高速度必须从 27 海里降低为 20 海里。而且船上的 1147 个密封舱有大部分没有经过测试检查。由于空军队伍都已投入战斗任务,这艘最昂贵的航空母舰没有空军掩护。为了避免被敌方发现,“信浓”号和护航舰都不用雷达,只使用信号灯互通消息,此外,护航舰能在“信浓”近处守护,以免中敌人之计而被引离岗位。22 时 45 分,嘹望台观察到了“射水鱼”号,误认为自己未被发现而没有开炮。几分钟后,“矶风”号离开了阵形,全速追赶“射水鱼”号,双方相距不到 4 海里。

“射水鱼”号见到来势汹汹的驱逐舰,艇长霎时间想到的是潜入水中。但是,如果“射水鱼”号下潜,那就会因为速度减低而丧失进入攻击航母位置的机会。于是仍旧按照与航母基准航线平行的路线航行。这时,那艘驱逐舰越冲越近,好像决意要把“射水鱼”号撞入海底。就在此时,远方航空母舰的桅杆顶上突然有一道红光闪过海面。后来灯光熄灭,接着又亮了 10 秒钟。“矶风”号突然掉头走开,母舰在改变航线。它向左转了 30 度,现在航线 180 度。距离正在拉远。改用新航线后的航空母舰速度实在太快。将近 23 时 30 分,航空母舰转瞬间已去得很远,完全消失在黑暗之中。即使用望远镜也难以看到。

阿部舰长站在嘹望台上,盯住离开了岗位的“矶风”号,担心受美国人引诱而离队,使“信浓”号失去保护。于是命令航海长发信号给“矶风”号,要它立即回到适当岗位。“矶风”号舵手收到命令后立即“急左转”驶回它的“信浓”号前方的航线上。航母依照 180 度航线,以 20 海里的时速航行,把最多只能达到 19 海里时速的潜艇抛离。然而,天有不测风云,大约 23 时 20 分,“信浓”号主轴上有个轴承热度过高,已经到了危险程度。经各种紧急补救全不见效,航母不得不降低航速。

就在“射水鱼”号彻底失望之时,雷达显示目标又改变了航向,几乎是对着正西方航行。现在只要这艘巨舰回到它的基准航线上,“射水鱼”号就会处于有利位置而解决掉它。时针走到了24时,航空母舰减慢了速度,与“射水鱼”号相距约8海里。

29日2时15分,“信浓”号几乎正对着西方鼓浪前进。2时42分,探测到“射水鱼”号另一次无线电发射。从信号的强度判断,它的距离很近——10~20海里之间。为避免受到攻击,“信浓”号再向左转210度。阿部舰长心想,再过不久就会天亮,到时他的瞭望哨就会处于优势。而且“信浓”号那时将驶近通往濑户内海的海峡,从而可得到岸炮的保护。

2时50分,“射水鱼”号见航母仍没有改变航线。将近2时56分,突然间,航母开始掉头转向“射水鱼”号,而且直朝着驶来。“射水鱼”号向西迅速航行大约5分钟,以取得与目标的预期航线的一侧相距很近的位置。为使6个鱼雷获得尽可能大的靶子,同时想驶到离它900米至1800米的范围之内,到达一个理想的发射位置。3时04分,距离是11000米。“射水鱼”号立即下潜。一切都进行得井然有序。从警报声响起到下潜到海水淹过潜望镜只花了一分钟。现在,航空母舰正以每分钟约550米的速度驶来。“射水鱼”号开管进水,鱼雷深度定为3米,静等航母进入射程。突然,航母右舷护航的驱逐舰意想不到地改变了航线,向着“射水鱼”号驶来。“射水鱼”号立即下沉到19米深度,比那艘驱逐舰的龙骨深3米。那驱逐舰带着滚滚浪涛来到了“射水鱼”号上面,推进桨的转动声近得令人心寒,它像火车头在头顶上隆隆而过,水波的震荡使整艘潜艇颤动摇晃。不久,驱逐舰推进桨的声音消失了。

“射水鱼”号立刻上升并升起潜望镜,将十字线对准航空母舰的船身,按下了发射钮。“射水鱼”号就像被鲸猛撞了一下似的向后反弹,第1枚鱼雷在一团水泡中冲了出去,等了8秒钟,发射了第2枚,随后是第3和第4枚,第5枚鱼雷发射出去的时候,艇长从潜望镜见到目标的尾部爆出一团火球,又迅速将第6枚发射出去。

这时，“射水鱼”号潜艇官兵第一次听到了击中目标的声音，并感觉到了那300千克鱼雷炸药所造成的震波。不久，他们又听到更多鱼雷击中目标的声响。随后“射水鱼”号下潜到120米处等待日本军舰进攻。从声呐中听得很清楚上面有两艘驱逐舰。远处传来低沉的爆炸声，震波简直对潜艇全无影响，在15分钟之内一共数到了14枚深水炸弹。令人难以相信的是没有一枚是接近“射水鱼”号的。

然而另一边，“信浓”号却遭到了重创。

第1枚鱼雷在3时17分击破“信浓”号船身右舷。在接着的30秒钟内，3枚鱼雷先后撞进了“信浓”号的船身，向着船艄窜去。随着舱壁被一一击破，船舱都已进水，数百名官兵正组成水桶队进行排水，可是水位还是不断上升，海水不断涌入破裂的船身，使它越来越倾侧。5时左右，当舰身倾侧达18度时，舰上的淡水蒸发器停止了操作。大约在7时，引擎由于没有蒸汽而停顿了。9时，“信浓”号丧失全部动力。

10时18分，阿部舰长准许水兵和低级军官离舰。“信浓”号的一部分船员抓住木料在冰冷的海水中漂浮，缓慢地离开那艘正在沉没的母舰。他们听到一阵巨大咝咝声，接着又听到一阵持续很长的号叫声，那是海水注入舰上仍然暖热的烟囱造成的。“信浓”号的红色船身这时几乎已经直立，船艄指向天空。接着，在它发出一阵哀怨的吼声之后，直冲向太平洋海底。阿部舰长与安田少尉两个人也同“信浓”号一起沉到海底。这艘航空母舰下沉时所产生的吸力，那些困在舰里的几百名士兵，一起带进了死亡的深渊。

14时整，驱逐舰指挥官下令向海军统帅部发出电报：“信浓”号2515名官兵中，1435人失踪，1080人生还。天皇御像已安全登上“浜风”号。全部机密文件均锁在舰上保险箱内，沉入4000米的深海中。

“信浓”号，这艘当时世界上最大的航空母舰，在其处女航行进行了17小时后被一艘潜艇击沉。它的沉没再次重创了日本海军，为美军日后的胜利增加了砝码，同时也成就了击沉它的潜艇——“射水鱼”号的威名。

希特勒的最后秘器
——U-XXI型潜艇

U-XXI出世：二战时期最尖端的潜艇

二战后期，由于盟军掌握了大西洋上空的制空权，德军潜艇被盟军飞机击沉的数量急剧上升。于是德军研究了一种可以在水下长时间潜航，而且水下速度高于水面速度的新型潜艇，官方编号U-XXI型。它是二战中最先进的潜艇之一，为战后的潜艇建造提供

U-XXI型潜艇

了技术基础。

1940 年初德国海军开始研究以过氧化氢为动力源的瓦尔特涡轮发动机推进的水中高速潜艇,并制造了 4 艘 XVIIA 型和 3 艘 XⅦB 型实验艇,试验时水中速度高达 25 节,但由于瓦尔特涡轮发动机技术不过关,就没有投入使用。但两种潜艇的有关技术很快应用在两种新型的柴油动力的水中高速艇上,最后演变成 U-XXI 型潜艇。

U-XXI 型是二战末期最新锐的一型,使用了很多当时来说极为尖端的科技,包括流线型指挥塔艇体、高效率的柴电动力主机、双重耐压艇壳、二艇壳、修诺肯呼吸管及主/被动声呐等。

U-XXI 型比原先的几种 U 型潜艇拥有更好的设施,甚至连食物的冷藏系统及士兵洗澡的设施也要比原先的几种 U 型潜艇好得多。它使用了最新的液压系统,使它上鱼雷的速度要快很多。更可怕的一点是它可以极为安静地在海底以 5 节的速度航行,里面的电力可供 U-XXI 型潜艇行驶 2 至 3 日,这可要比一般潜艇多很多倍。

近代先驱:二战中最优秀的潜艇

U-XXI 型潜艇性能参数

水上排水量:1620 吨

水下排水量:1820 吨

艇长:76.7 米

水面最高航速:15.6 节

水下最高航速:16.8 节

水下续航力:56 海里/4 节

设计下潜深度:500 米

鱼雷发射管数量:6 具(艇艏 4 具/艇艉 2 具)

鱼雷总数:24 枚

产量:119 艘

水上续航力:15500海里/10节　编制:57人

U－XXI型潜艇在当时仍属先进的潜艇。它具备在那个时代显得极为惊人的水下航速,其精良的装备使得该艇可以无须接近海面即可发现并攻击目标。此外,它的鱼雷水压装填系统可在12分钟内装填6枚鱼雷！而在一艘典型的ⅦC型潜艇上,需要10到20分钟才能装填一枚鱼雷。该型潜艇的另一个新颖之处在于它的建造方式,整个艇体分为9段,在不同的工厂建造,然后在3个船坞内进行最后的合并总装,这样一来极大地缩短了建造周期。

U－XXI型可以说是二战中最优秀的潜艇。U－XXI型运用了流线型的设计,是近代潜艇的先驱。战后苏联潜艇设计受德国影响甚深。

研制太晚:二战中没有大显身手

U－XXI型潜艇在1943年至1945年之间制造,总共建造了119艘。生产出来的119艘潜艇中,有113艘投入了使用。但是U－XXI型潜艇的出现太晚了,它无法改变历史。其中只有两艘成功地在二次大战末期开始执行巡逻任务,其他大部分U－XXI型潜艇都未能发挥作用,在战后被盟军接收了。

该型艇首艇于1944年5月12日下水,6月27日正式服役。两艘U－XXI型潜艇曾被派往加勒比海执行任务:U－2511号与U－3001号艇。其中U－2511号曾于1945年5月4日成功接近英国皇家海军诺福克号驱逐舰至500米处,而后者丝毫没有觉察。但因为数小时前该艇刚刚接到德国投降的消息,故而未作攻击。战争结束后,这两艘U－XXI型潜艇返回母港。

德国潜艇的通商破坏战是盟军大西洋运输线的严重威胁,如果开战初期德国能投入较多资源到新式远洋U艇的建造上,盟军的补给及对欧陆的反攻也许不会那么顺利，战局也许会改观也未可知。

战事回响

U 艇经典战术——狼群战术

俗话说得好：“猛虎不敌群狼。”嗜血成性的狼群令自然界里所有大型食肉动物都不寒而栗。第二次世界大战时纳粹德国的海军将领邓尼兹之所以被称为“狼头”，就是因为他首创了海战的“狼群战术”，使纳粹德国海军在二战初期猖狂一时。“狼群战术”与古德里安的“闪电战”并称为纳粹德国军队的海陆两大“法宝”。

所谓“狼群战术”，可以简单理解为用几艘潜艇组成小分队，像狼群一样围攻敌方军舰和运输船舶。德国海军运用“狼群战术”时，会集中几艘潜艇力量，攻击一个海上目标，用几艘潜艇的攻击力来摧毁重型舰船。

“狼群战术”运用到具体行动中一般要派出数艘潜艇在海上进行游猎，当发现目标后，进行水下跟踪。一艘“头狼”艇来指挥“群狼”的统一行动。“狼群”一般都在夜间攻击，狼群中各艘潜艇从对方护卫舰队的间隙或侧翼隐蔽地穿过去，躲过其火力打击屏障，向目标靠近。白天，各艇在四面八方占领有利攻击阵位，隐蔽在水下，夜间突然升出水面，同时向目标发射鱼雷。由于多艘潜艇同时对同一目标发动攻击，这样，提高了命中率，同时可以出现有几枚鱼雷命中同一目标的情况。这样，“狼群战术”可以取得较大战斗效果，“狼群战术”因此而得名。二战期间，德国海军用“狼群战术”

组织成群潜艇袭击盟国的海上舰船，破坏盟国的海上运输线，使盟军受到重大损失。

邓尼兹“狼群战术”猎杀的第一个目标是“雅典娜”号客轮。1939年9月，英国“雅典娜”号客轮悠闲地行驶在大西洋上。船上的旅客正沉浸在平静而安逸的旅行中。突然，他们听到了几声巨响，并感到了强烈震荡。刹那间，客轮上浓烟滚滚。海水涌进了船舱。几分钟后，“雅典娜”号客轮开始下沉并最终葬身海底。此后几年，盟国的大型运输船队屡有同样遭遇，而罪魁祸首正是德国海军的“狼群战术”。

俗话说“失败是成功之母”，这句话用来形容“狼群战术”的诞生真是再贴切不过了。首创“狼群战术”的德国海军司令邓尼兹在第一次世界大战时为德国U－68号潜艇的艇长。他经历了德国海军“无限制潜艇战”的失败，切身体会到“用潜艇在白天公开与大型舰队作战”的战法已经落伍了，应当尝试在夜间发动突然袭击。到第一次世界大战接近尾声时，邓尼兹终于得到了一次试验新战术的机会。他指挥U－68号潜艇在夜间突然穿过英国海军的护卫警戒圈，凶猛地接近商船，用鱼雷将其击沉。当英军护卫舰队闻声赶来救援时，邓尼兹已指挥U－68号潜艇迅速下潜，可潜艇偏偏出了故障。最后他只好弃艇逃生。不过，这次没有完全成功的行动却成了“狼群战术”的萌芽。

在二战爆发前的时间里，邓尼兹潜心研究一战经验，进一步从理论上完善了自己独创的“狼群战术”。二战伊始，邓尼兹便率领德国海军以“狼群战术”称霸大西洋，致使盟军商船遭受巨大损失，后勤补给线遭到严重破坏。邓尼兹也因为“狼群战术”的成功而成为希特勒最得力的干将之一。他的职务一路攀升，先后升为潜艇司令、海军司令，最后还被指定为元首的接班人。

然而，邓尼兹同样被眼前的胜利禁锢了头脑，醉心于自己的战术而忽视了再创新，导致德国海军的战术在多年的海战中如出一辙。而盟军则专门组织力量来研究对付“狼群战术”的有效战法，派出规模庞大的反潜飞机和潜艇，灵活采用“狙击”、“围歼”、“诱杀”等手段来肢解“狼群”，尤其是运用最新型的雷达来搜索德国潜艇。而邓尼兹无视盟军侦察预警能力的提高，依然在大西洋上集结庞大的潜艇群，打算彻底切断盟军在大西洋上的运输线。1943年5月，邓尼兹赖以成名的“狼群”终于遭到毁灭性打击——他的王牌潜艇在一个月内被击沉30多艘。“狼群战术”宣告失败。

二战以后，军事家们重新研究了“狼群战术”，认为从纯军事的角度来看，它仍是未来潜艇“以小吃大”的战术之一，但其攻击的隐蔽性需要进一步提高，“狼群”的规模也应当缩小。现代海战理论也仍然把潜艇视为对付航母等庞然大物的“撒手锏”。而现代潜艇作战的一些先进理论，如深海封锁、机动攻击、联合攻击等都还或多或少地受到了“狼群战术”思想的影响。

德国虽然是一战的战败国，但它的潜艇作战成就远远超过其他国家，对潜艇的威力认识最深，对潜艇的作战理论也研究的最透，所以在二战的大西洋战场上，德国潜艇占据了主导地位，其凶恶的U艇和著名的“狼群”都在潜艇历史上留下了浓墨重彩的一笔。

作为战争史上的重要一笔，邓尼兹的“狼群战术”给我们带来了如下启示：再好的战术，如果不创新，同样摆脱不了失败的命运。

惨烈的大海难

提起历史上最大的海难，不少人会想到“泰坦尼克”号。1912年4月15日，这艘当时世界上最大的豪华客轮因撞上冰山而沉没，1500余人遇难。其实，1945年1月30日，德国运输船“威廉·古斯特洛夫”号被苏联潜艇击沉，9343名乘员遇难，这才是人类历史上最惨烈的一次大海难。

1936 年 2 月 6 日，希特勒的挚友、德国纳粹党驻瑞士分部主席威廉·古斯特洛夫被犹太青年刺杀身亡。希特勒亲自为他主持了有 3.5 万人参加的隆重葬礼，并提议将 1937 年下水的一艘长 208 米、宽 23 米，排水量 2.4 万吨的当时世界上最大的游轮命名为“威廉·古斯特洛夫”号。

“古斯特洛夫”号的船身原为白色，内部装饰豪华，设施齐全，有大型餐厅、电影院、游泳池、舞厅，甚至还有一个分娩室。最初，这艘游轮被纳粹党控制的工会组织——德国劳工阵线用于组织工人休假旅游。二战爆发后，它被军方征用为医疗船，后来又改做训练船，船身也被涂成有保护作用的灰色，长期停靠在东普鲁士的哥德哈芬港（今波兰格但斯克港）。

1945 年，苏联红军西进的铁流迫使大批德国伤兵和难民进入哥德哈芬地区，德国政府面临的问题是尽快将包括该地区在内的东部 200 多万名德国人安全地撤退到西部地区。不久，“古斯特洛夫”号接到准备起航的命令，开始让逃难者登船。

起初，船员们还让每一个登船者在乘客登记册上写下姓名、年龄和住址等详细的个人情况，然而，厚厚几大本登记册被写满后，他们再也找不到用来登记的纸张了。于是，随后登船的数千人就省略了这道手续，其中不少人也因此成为战争中的下落不明者。最新研究结果显示，从当时的登记情况看，这艘核定载客量只有 1865 人的轮船上有 173 名船员、918 名海军官兵、373 名海军女医护人员、162 名伤兵、4424 名难民，共计 6050 人登记在册，再加上拥挤在甲板上和分散在船上各处的没有登记的 4000 多名难民，这艘巨轮竟然搭载了 10582 人。

63 岁的弗里德里克·彼德森船长已经多年没有指挥过航行了，这次他临危受命指挥“古斯特洛夫”号，心中很没底。他深知，随着德国“海狼”潜艇部队的溃败，波罗的海已危机四伏，苏联人的潜艇、军舰和水雷随时都有可能出现。最终,上级同意了他的请求,给他派了两名海军军官做航行助手,另有一名海军上尉负责撤退行动中的人员管理。

1945 年 1 月 29 日深夜,彼德森船长收到了来自德军波罗的海潜艇舰队司令部的一封电报,通知他在波罗的海中部和西部海域活动的 3 艘苏联潜艇已处于他们的严密监视之下,在上述海域并未发现其他敌舰。这封电报总算给这位心神不定的船长吃了颗定心丸。

1 月 30 日中午 12 时 20 分,4 只拖船将"古斯特洛夫"号缓缓拖离哥德哈芬港。按规定,这样一艘只装备了几门防空炮的巨型人员疏散船,至少要有包括反潜舰在内的 3 艘军舰护航,但为它护航的却只有"洛"号鱼雷艇和一艘老掉牙的鱼雷救生艇(离港不久因故障返航)。它完全没有反潜能力。

此时,在"古斯特洛夫"号的分娩室里,已经有 4 个婴儿呱呱坠地,第 5 个产妇也已经被推入分娩室,她的孩子将在 30 日午夜之前降生。

18 时左右,彼德森船长接到一封电报,提醒他一个德国海军的小型扫雷艇舰队正朝着"古斯特洛夫"号驶来,要他注意规避。由于当时这片海域依然处于德国海军的控制之下,彼德森船长不假思索地下达了打开船侧灯光,避免与来船碰撞的命令。

正是"古斯特洛夫"号上的灯光引来了杀手——苏联波罗的海舰队的 C－13 号潜艇。由亚历山大·马利涅斯科少校指挥的这艘潜艇,执行的是单艇潜入德军控制海域,伺机攻击敌舰的任务。

1 月 30 日晚,C－13 号潜艇保持在潜望镜深度,以低速航行至波兰附近海域,艇上的值班军官向马利涅斯科少校报告:前方发现闪着灯光的移动目标。由于当时海上的能见度极差,马利涅斯科根据经验判断这艘航速不高的"大家伙"应该是一艘德国的重型巡洋舰或大型运兵船。同时,他也发现了护卫在侧的"洛"号鱼雷艇。

19时30分左右，“古斯特洛夫”号关闭了它的船舷灯。然而，一切都已经太晚了，它已被C-13号潜艇牢牢地“咬”住了。C-13号潜艇加速驶入“古斯特洛夫”号左舷与海岸线之间海域，由于有“古斯特洛夫”号相隔，加之海岸线一侧漆黑一团，“洛”号鱼雷艇并未发现苏军潜艇。

21时左右，C-13号潜艇开始加速超过“古斯特洛夫”号，马利涅斯科命令潜艇掉头，与缓缓驶来的“古斯特洛夫”号形成90度夹角，这是最理想的攻击阵位。接着，马利涅斯科命令艇员准备发射4枚鱼雷。这4枚鱼雷的弹体上被艇员们分别写上了“为了祖国母亲”“为了斯大林”“为了苏联人民”和“为了列宁格勒”。

当“古斯特洛夫”号缓缓驶入C-13号潜艇的直线最佳射角后，马利涅斯科一声令下，鱼雷以两秒钟的间隔，一枚接一枚地冲出发射管，奔向900米外的敌船。第一枚击中了船舵吃水线的正下方；第二枚钻入船内的游泳池爆炸，睡在那里的许多海军女医护人员当即丧生；第三枚则将位于船中部的轮机舱击得粉碎。只有“为了斯大林”那枚鱼雷被死死地卡在发射管中。

伴着剧烈的爆炸声，“古斯特洛夫”号开始倾斜，船上的人尖叫着四处奔逃。船员们迅速放下了唯一的一艘救生艇，并发出求救信号。持枪官兵则把妇女和儿童送上救生艇，一些企图强行登上救生艇的男人被无情地推下大海，有的老人和孩子则被人们踩在脚下。50分钟后，“古斯特洛夫”号完全沉入冰冷刺骨的海水中。海面上到处都是漂浮的人头。“洛”号鱼雷艇迅速投入到救援中来，但它的船舱实在太小了，只捞救了472人。随后驶来的“希佩尔”号巡洋舰在搭救564人后匆忙离开，因为它知道苏联潜艇很可能还在附近。

事后统计，在这场灾难中，只有1239人脱险，9343人葬身海底。凑巧的是，这一天是威廉·古斯特洛夫50岁的诞辰，也是希特勒上台12周年纪念日。

"古斯特洛夫"号海难事件,无疑给了纳粹德国一记重拳。为了不使国内民众陷入恐慌,所有幸存者被告知严禁向外界透露有关这次事件的任何消息。德国的报纸、广播等对此也只字未提。而苏联 C－13 号返航之后,潜艇获得苏联海军的最高奖章——红旗勋章,全体艇员获得集体奖章。艇长马利涅斯科被授予"苏联英雄"的称号。

二战结束后,出于种种原因,"古斯特洛夫"号被击沉事件一直没有被人公开提起。2002 年,随着德国诺贝尔文学奖获得者格拉斯以该事件为背景的小说《蟹行》广为流传,这次大海难才浮出水面。

一些德国人认为,由于死难者中绝大多数是妇女和儿童,所以苏联人在当时犯下了滥杀无辜的"罪行"。但包括部分苏联学者在内的大多数人则指出,希特勒在 1944 年 11 月 11 日已宣布波罗的海为战区,并命令德国战舰可以对海面上的任何敌国目标开火,因此苏联红军就理所当然地也可以对海上任何德国船只发起攻击。另外,从严格意义上讲,"古斯特洛夫"号并非一艘难民船,它作为德军的训练船,上面装备有防空炮,还载有千余名军人,应该算是一艘军舰。

如今,"古斯特洛夫"号沉没事件的主要当事人已相继离开人世,但由幸存者自发组织的"古斯特洛夫团体"在痛悼亡灵、缅怀亲友的同时,也在深刻反省着战争带给人类的创伤。

德国 U 艇的覆灭

德国 U 型潜艇几乎就是二战中德国海军的代名词。其型号均用德文 Untersee－boot(潜艇)的首字母 U 后加数字而得名。

两次世界大战中德国 U 艇击毁大量敌舰,成为战争的显著特点。1914 年~1918 年德国海军用体积小(1000 吨以下)、数量少(发动战争时不到 30 艘)、速度慢(水面 12 节、水下不到 10 节)而且本身不甚坚固易受攻击的 U 艇,在四年中击沉协约国舰船数千万吨,成绩尤为惊人。

1917 年 4 月,U 艇的活动活跃到顶点,在一个月内,U 艇击沉了 430 艘协约国和中立国的船只。之后,协约国及中立国及时调整了战术,改进了反潜技术,为商船派遣护航舰队,广泛使用水雷。到了 1917 年下半年,U 艇的攻击效能被逐渐削弱。

1906 年初,德国人建造了以柴油机为动力的 U 型潜艇。1914 年 9 月 5 日,德国 U21 号潜艇用一枚鱼雷击沉英国军舰"开路者"号。到 1915 年末,德国潜艇击沉 600 余艘协约国商船;到 1916 年和 1917 年,被击沉的商船总数已分别达 1100 艘和 2600 艘。第一次世界大战中,德国潜艇击沉的商船总数达 5906 艘,总吨位超过 1320 万吨。据统计,整个第一次世界大战中用潜艇击沉的各种战斗舰艇共达 192 艘。U 型潜艇以其卓越的水下机动性和作战能力在海上出尽了风头。

二战爆发前,德国已经将 17 艘潜艇部署在大西洋上。开战之后,这些潜艇立即投入了战斗,先后击沉了英国海军的"勇敢"号航空母舰和"皇家橡树"号战列舰。随着战事的发展,德国潜艇全面投入战斗。截至 1939 年底,在短短数月之中,德国潜艇已经击沉盟国和中立国船只 114 艘,总吨位达 42 万吨。到 1940 年 11 月之后,德国潜艇需要整修,其战果开始急剧下降,也正是从这年 9 月开始,德国潜艇开始了"狼群"作战。

到 1941 年,德国用潜艇击沉盟军舰船的总数已达 1150 艘;到 1942 年上升到 1600 艘。1943 年以后,盟军在舰艇、飞机上加装了反潜雷达,使舰船沉没数量降低了 65%,1944 年只有 200 艘舰船被击沉。第二次世界大战中,德国共建造潜艇 1188 艘,这些潜艇击沉了 3500 艘舰船,造成 45000 人死亡。

1941 年 12 月珍珠港事件后，德国对美国宣战。这时德国潜艇数量也有了很大增长，邓尼兹的“狼群”终于有了大显身手的好机会。12 月 15 日至 25 日，5 艘 U 艇从基地出发，横渡大西洋，开始了远征美国的行动。次年 1 月 15 日之后，又有 5 艘大型 U 艇加入了这个行列。战果相当不错，从 3 月中旬到 4 月末，U－123 艇击沉 11 艘舰船，U－124 艇击沉 9 艘，U－160 艇、U－203 艇、U－552 艇各击沉 5 艘。

1940 年到 1942 年的三年间是德国潜艇的辉煌时期，1943 年 3 月，德国潜艇曾创造了 20 天内击沉敌舰 75 万吨的最高纪录。以年度而论，1942 年则是德国潜艇的“黄金年代”，每艘潜艇的日击沉量常在 100～200 吨，最高时达 1000 吨。在这年年初的四个月之内，德国潜艇共击沉美国船只 500 余艘，总吨位 300 万吨，有些船只的击沉地点距纽约仅 15 千米，有的甚至在沿岸人们的注视下爆炸沉没。

德国潜艇咄咄逼人的攻势使盟军遭受了重大损失，其中尤以英国受害最深。为了保住至关重要的海上交通线，英国人绞尽脑汁，研制出声呐、雷达、探照灯等多种反潜装备，这些装备成为英国人对付德国“狼群”的“王牌克星”。

早在一战时，英国人就利用水听器来搜索潜艇，但这种原始的设备所起的作用十分有限。战后，英国海军投入大量资源来发展声呐。到 1935 年，皇家海军舰队中半数以上的驱逐舰都装备了声呐。二战爆发后，声呐投入了实战，在实战中发现了一些令人不能满意的地方。1939 年，英国在标准的声呐装置上加装了一个距离显示器，它可以指示发射深水炸弹的最佳时机。随着战争的进行，英国继续对声呐进行改进，使其性能有了明显提高，为最终打败“狼群”发挥了应有作用。

雷达是英国人的另一张王牌。英国人在与德国的 U 艇的较量中，找到了雷达限制 U 艇的办法，而雷达便成为了 U 艇的掘墓者。

1936年,英国成立了雷达研制小组。1937年,一部波长为1.5厘米的雷达安装在“安桑”式飞机上,并于9月3日进行了首次试验,结果“安桑”飞机在8千米外收到了“罗德尼”号战列舰等舰艇的清晰信号。1941年,英国研制出ASVⅢ型雷达,它使用10厘米波长的磁控管,可以在64.4千米的距离上发现护航运输队,在19.3千米的距离上发现处于水面状态的潜艇。其后,3厘米波长的ASVV型和ASVX型相继问世。但是,这些雷达都无法发现潜艇的通气管。

磁控管的出现使雷达性能获得了突破,英国以此技术研制成功10厘米波长的高清晰度271型雷达。在1941年3月进行的试验中,271型雷达在4570米的距离上发现水面状态的潜艇;在2560米的距离上发现了潜艇指挥塔;在1189米距离上发现了伸出水面2.4米的潜望镜。1942年,一艘英国军舰用271型雷达发现了在6400米距离上航行的德国U252潜艇,并将其击沉。随着更先进的272型、273型雷达的出现,英国在反潜作战方面掌握了一定的主动权。

英国人的第三张王牌是探照灯。由于当时雷达的最小探测距离恰恰稍大于夜间目视发现潜艇的距离,所以潜艇夜间水面航行时,几乎总能避开空中攻击,这个问题一直困扰着英国岸基航空兵。这时,一名叫汉弗莱·戴维德·利的军官提出了使用探照灯搜潜的设想。在克服了一系列困难后,探照灯装在了“惠灵顿”式轰炸机上,这种探照灯被称为“利”式探照灯。

1942年夏天,英国皇家空军开始装备这种探照灯,最终“利”式探照灯得到大量应用,而且派生出很多改进型。后来又研制出一种吊舱型的“利”式探照灯,供“解放者”式和“卡塔林纳”式飞机使用,海军航空兵一些“剑鱼”式飞机后来也使用了这种探照灯。

这些探照灯在英军反潜作战中发挥了较大的效用。

与此同时,英国人还致力于改进和开发直接攻击潜艇用的各种武器和弹药。经过不断努力,深水炸弹的效能有了明显提高,还有一些新的反潜弹药问世。

随着声呐、雷达、探照灯等多种新式反潜装备投入使用,英国的反潜实力有了质的改变。

在英国不断提高的反潜能力面前,德国潜艇的发展没有及时跟进,也拿不出有效的应对办法,以至于活动越来越困难,并且损失惨重。1943 年 5 月 23 日,邓尼兹下令将全部潜艇从北大西洋撤出,德国潜艇战最终以失败告终。

第三章　冷战时期的潜艇

“常核”并举的冷战时期

随着二战结束,美苏冷战时代来临,在这一阶段,美苏两个引领世界潜艇潮流的大国展开了一场潜艇争霸的竞赛。

苏联在第二次世界大战之后从德国获得了大量的潜艇建造技术,在20世纪50年代后期的几年间建造了300多艘潜艇,一跃成为世界上拥有潜艇数量最多的海军强国。战后苏联潜艇的发展经历了四个阶段:

第一阶段是斯大林时期。当时正值第二次世界大战刚刚结束,苏联人从德国潜艇成功地影响着海战胜负的经验得出潜艇仍是海战的主要作战力量的结论,故在德国潜艇资料的基础上设计建造了W级潜艇、Z级潜艇和F级潜艇。不过这些潜艇的总体性能并未高出第二次世界大战末期潜艇的建造水平。此外,这一段时间内苏联还建造了R级中海潜艇和Q级小型近海潜艇等种类各异的中小型潜艇。

到了第二阶段赫鲁晓夫时期,苏联海军的观点是“去除老式大型战舰，建造小型导弹快艇和潜艇，以防御西方海军的两栖进攻”。于是苏联除了建造新型战舰外，还对W级潜艇进行了现代化改装，将早先的鱼雷武器换成新型的导弹武器。接着苏联开始了全新的导弹常规潜艇的建造，“沙道克”潜艇、J级柴/电潜艇是这一时期的产物。不过这批潜艇仅仅是将鱼雷武器部分换装成“沙道克”导弹。几乎与此同时，苏联对潜艇发射的导弹作了更新。在1958年开始建造的C级潜艇上，就装上了射程为300～350海里的“萨克”导弹。

20世纪60年代初期开始，苏联潜艇的发展进入第三阶段。这一阶段苏联主要是建造了一批核动力潜艇。但在建造核动力潜艇的同时，苏联人认为柴/电联合动力常规潜艇可完成核潜艇部分不能完成的任务，所以在远洋潜艇W级和R级之后进一步改装和发展了一种T级SS潜艇。T级SS潜艇的首艇于1972年开始服役。

20世纪80年代，苏联潜艇的发展进入第四阶段。这一阶段苏联在大力发展核动力潜艇的同时，仍然建造了部分常规潜艇。比如1983年初下水的K级首艇，其采用了“大青花鱼”号潜艇的外形，指挥台的围壳呈流线型，排水量为3000吨左右，艇长67米，以柴/电联合装置双轴推进，其武器装备以反潜鱼雷为主。该艇很重视救生，在艇艏和艇艉都设有救生舱口。直径最大的中央壳段在指挥台围壳下面，设三层甲板，下层布置蓄电池，上层为指挥室，中层为艇员的居住室。

苏联的常规潜艇是在德国潜艇技术的基础上，不断吸收其他国家潜艇建造和设计经验，克服自己的弱点发展起来的。苏联常规潜艇的一个突出特点就是艇型多。这些艇型都是不断改进设计的结果。同时苏联潜艇在抗沉性方面优于西方几个主要海军国家的潜艇。当然目前在役的已被改称为俄罗斯潜艇的苏联潜艇尽管航速较高，噪音较以前有所降低，但是与西方国家的潜艇相比，噪音大仍是其必须尽快克服的一个缺点。不过，1987年以后，苏联从日本东芝机械公司引进了可以用于加工潜艇桨叶的大型数控机床，使其潜艇的噪音消除技术一下子追上了美国，从而使其潜艇的隐蔽性大大提高。

美国在冷战期间共建造了19类常规潜艇，其中包括有飞航导弹潜艇、反潜潜艇、雷达哨潜艇、多用途攻击潜艇和各类试验潜艇。美国发展潜艇比较重视质量，采用多试少建的方针，不断从试验中提高战术、技术性能。美国发展潜艇的主要着眼点是在核潜艇上，常规潜艇从60年代初之后就没有再建造了。

20世纪50年代末至60年代初，美国建造的第一代核潜艇包括：4艘排水量较小的“鳐鱼”级攻击型核潜艇（俄罗斯称为鱼雷核潜艇），3艘非量产的“海神”级雷达预警核潜艇，1艘反潜核潜艇——SSN597“白鱼”号，1艘巡航导弹核潜艇——SSGN687“大比目鱼”号。

20世纪60年代初，美国大规模建造了第二代核潜艇，从而开始了美国潜艇制造业的新阶段。美国第二代核潜艇的典型代表是“长尾鲨”级攻击型核潜艇，从1960年到1965年，美国共建造了11艘（也有资料说是13艘）。从战术、技术性能这一角度来说，“长尾鲨”级艇是真正的多用途攻击型核潜艇。在“长尾鲨”之后，美国建造了3艘“三叶尾鱼”级核潜艇，之后是37艘“鲟鱼”级攻击型核潜艇，至1975年全部建成服役。所有这些潜艇的核动力装置都采用S5W型压水堆，功率为15000马力。另外还建造了两艘用于试验改进型动力装置的试验艇。

美国同时也是世界上建造数量最多的一级核潜艇是“洛杉矶”级第三代攻击型核潜艇。1976～1995年共建成62艘，至今仍是美国海军水下作战的中坚力量。其动力装置采用S6G型反应堆，热功率为130兆瓦。该级艇在批量建造过程中得到了不断改进，特别是安静性、声呐和武器等性能日益完善。从SSN719“普罗维登斯”号开始，后续各艇都装备了12座垂直发射装置，可发射“战斧”式巡航导弹。而从 SSN751“圣胡安”号开始，都装备了 AN/BSY－1(v)新型一体化作战指挥自动化系统和艇艏水平舵，安静性有明显提高。因此，“圣胡安”号以后的“洛杉矶”级艇也叫改进型“洛杉矶”。

在发展攻击型核潜艇的同时，美国还大规模研制建造了弹道导弹核潜艇。从 20 世纪 50 年代后期到 90 年代中期，共建成 4 个级别共 59 艘弹道导弹核潜艇。首批 5 艘“华盛顿”级艇于 1960～1961 年服役，其艇体是在“鲣鱼”级核潜艇的基础上设计的，可以携带 16 枚“北极星 A－1”潜射弹道导弹。1961～1963 年，建成 5 艘“伊桑·艾伦”级艇，装备“北极星 A－2”弹道导弹。1963～1967 年，美海军先后装备了 31 艘“拉斐特”级弹道导弹核潜艇，该级艇装备“北极星 A－2”或“北极星 A－3”导弹。后来，所有装备“北极星 A－1”或“北极星 A－2”导弹的潜艇都换装了“北极星 A－3”导弹，而“拉斐特”级艇装备“海神 C－3”导弹，后来 12 艘“拉斐特”级艇换装“三叉戟 I”导弹。以上三种型号的弹道导弹核潜艇的动力装置都使用与攻击型核潜艇相同的 S5W 型反应堆。

为取代老化的弹道导弹核潜艇，美国于 1981～1997 年建造了 18 艘“俄亥俄”级弹道导弹核潜艇。该级艇为单壳体结构，水下排水量 18750 吨，主要武器为 24 枚“三叉戟”导弹。动力装备采用 S8G 型核反应堆，热功率为 220 兆瓦，低速航行时电力推进，因此是美国安静性最好的第三代核潜艇。

除了这两个潜艇大国之外，冷战时期另一些国家如英国、法国、瑞典等也都在不失时机地发展自己的潜艇，与美苏不同，这些国家十分重视发展常规潜艇。此外，各国近年来还研制了救生小潜艇、猎雷潜艇和供各种试验用的试验潜艇，如捞雷深潜器等。尽管核潜艇已成为潜艇家族的主角，但常规潜艇在未来海战中仍是不可忽视的重要力量。特别是局部战争中，常规潜艇仍具有不可替代的作用。

苏联唯一的飞航导弹柴电潜艇
——651 型 J 级

军备竞赛:651 型 J 级出世

冷战初期,苏联从德国获得大量潜艇的秘密资料,加上当时弹道导弹的巨大威慑力,所以,苏联在 20 世纪 50 年代初,就开始研制弹道导弹潜艇,同时也开始了飞航式导弹潜艇的研制工作。

功夫不负有心人,苏军的这种有意识的研究见到了成效,到 1960 年苏军已有 6 艘 644 型导弹潜艇服役,1960 年至 1962 年间又有 6 艘 665 型飞航式导弹潜艇服役。644 型和 665 型都是在 W 级上加装 2 枚和 4 枚Ⅱ-5 型飞航式导弹改装而成的,而 J 级 651 型则是新设计的一型常规动力飞航式导弹潜艇。

对 651 型潜艇,北约分级为 J 级,这种潜艇由苏联海军在 20 世纪 50 年代末研制成功,用于对美国领土进行核打击。该艇装备 4 枚有核弹头的巡航导弹,并有 10 个鱼雷发射口。但是,尚不具备水下垂直发射导弹的能力。根据美国冷战时期情报部门提供的信息,J 级潜艇可在水面 4 节小时航速时发射导弹。651 型潜艇可以发射苏联在冷战时期研制的数种型号的巡航导弹,其中包括用于打击美国航空母舰的 P-500 型“玄武岩”(北约分级“SS-N-12 沙箱”)超音速反舰导弹。

J 级潜艇是由苏联“红宝石”中央海军设计局(当时的第 18 中央设计局)设计,在列宁格勒(现圣彼得堡)的波罗的海造船厂和高尔基市(现下诺沃哥洛德市)的红色索尔莫沃造船厂建造完成的,总设计师是 A.C. 卡萨齐耶尔。

从1962年至1968年,建成并部署了16艘。其中K-156、K-85两艇在波罗的海造船厂建造,其余的14艘由红色索尔莫沃造船厂建造。9艘先在北方舰队,后转入波罗的海舰队服役,3艘在黑海舰队、4艘在太平洋舰队服役。有一艘卖给一家芬兰公司,几经周折后,又被美国普罗维登斯的一家博物馆买走,于2002年8月开始对外展出。另有一艘卖给一家德国公司,其余的都已销毁(有一艘在拖往拆船厂时沉没)。J级之后,苏联就再也没有研制常规动力飞航式导弹潜艇。

极具威胁:能对美国本土实施核打击

同其他苏联研制的潜艇一样,651型潜艇也采用双壳体,并有较强的储备浮力。从前到后共有八个舱段:前鱼雷舱,生活舱/电池间,导弹控制室/电池,航行控制室,生活舱/电池,柴油机/发电机,电机室,后鱼雷室。艇身用特殊的可吸声波钢板制造。该艇采用银锌电池,提高了水下续航时间和极速,最大水下航程可达810海里(以2.74节航行)。另外,该艇艇身用低磁奥氏体钢制造。

651型J级潜艇性能参数

水上排水量:3174吨
水下排水量:3750吨
艇长:85.9米
艇宽:9.7米
吃水:6.29米
水上航速:16.8节
水下最大航速:18节
工作下潜深度:240米

柴油机:2台柴油机,2×4000马力
主电机:2台主电机,2×3000马力
1台柴油机
1台直流发电机
武器装备:4具导弹发射筒
导弹4枚
艏部6具533毫米鱼雷发射管
艉部4具400毫米鱼雷发射管,都有再装填装置

极限下潜深度:300 米　　**编制**:78 人

自持力:90 天

J 级潜艇还在艇上安装了 6 具 533 毫米艏鱼雷发射管和 4 具 400 毫米艉鱼雷发射管,用于发射 18 枚 53 型和 4 枚 40 型鱼雷。为了潜艇航行及导弹、鱼雷发射需要,该型潜艇配置了导航系统、水面搜索雷达、声呐、火控系统、敌我识别系统、电子对抗等电子设备,有些艇还安装了为 SS—N—12 导弹提供卫星目标信息的雷达天线。

颇受争议:水上发射飞航式导弹

J 级是一型颇受争议的潜艇。J 级不像 W 级、Z 级、G 级那样进行过多次改装,试验海军的新型武器和装备;也不像 R 级那样出口过好几个国家;更没有像 F 级那样有过远征加勒比海的“壮举”。J 级实际上也没有对美海军水面舰艇、航空母舰等构成威胁,因为 J 级的作战任务是主要用 N－6 型飞航式导弹打击在远洋海上交通线上活动的敌舰艇和船只,但是从水上发射飞航式导弹就无法发挥潜艇特有的优点——隐蔽性,这相当于把潜艇当导弹舰使用。

那么为什么要把水上发射的飞航式导弹装备在主要用于水下作战的潜艇上呢?

如果将水上发射导弹作为从水下发射的一种“过渡”,这是可以理解,甚至是必要的。因为导弹没有装备过潜艇,即便是水下发射,也可以从导弹在艇上的安装、调试,储存、保养,操作、使用中得到对潜艇设计和导弹设计都有益的经验。一方面可以培训艇员,也为研制水下发射的导弹提供经验数据。

问题是,为什么在已经研制成功水上发射的 E－1 级、E－2 级核潜艇后,又来研制同样是水上发射的常规动力的J级呢?可能的解释是:增加苏联飞航式导弹潜艇的数量。

不过,难道苏联海军没有考虑到水上发射飞航式导弹是难以对抗美水面舰艇和航空母舰编队的吗?苏联海军中有很多军事专家和技术专家,是不会不知道这点的。

苏联解体后,陆续出版了一些著作,披露了苏联时代一些“保密”的、不为人知的情况。例如设计1-I-5和n-6型导弹的第52实验设计局的B. H. 切洛麦伊就曾被一本著作说成是“苏联时期最‘政客’的设计师”。当时苏联一些专家的反对意见未得到重视是因为“把这些飞航式导弹推广到潜艇上使用的积极鼓吹者是苏共中央委员会第一书记H. C. 赫鲁晓夫的儿子C. H. 赫鲁晓夫,正是他帮助了B. H. 切洛麦伊。在第52实验设计局,C. H. 赫鲁晓夫起到了将兀-5和兀-6型飞航式导弹广泛引用到潜艇的作用。这种对潜艇来说完全不适合的飞航式导弹,在苏联的潜艇中却得到了广泛推广”。结果就是675型E-2级和651型J级都装备了水上发射的Ⅱ-6/导弹。

由此看来,这种水上发射的飞航式导弹的潜艇是政治因素作用下的畸形产物,而并非作战的需要,这种身份注定了它很快被淘汰的命运。果然,J级之后,苏联就再也没有研制常规动力飞航式导弹潜艇。J级潜艇成为苏联海军历史上一个不够出彩的唯一。

法国飞鱼
——“阿戈斯塔”级

飞鱼问世：中小国家格外青睐

自第二次世界大战至20世纪60年代末期，法国总共发展了两个级别的12艘常规动力潜艇，其中“一角鲸”(Narval)级3艘，“女神”(Daphne)级9艘。“一角鲸”级是20世纪50年代研制的潜艇，性能相对落后。“女神”级是20世纪60年代建成服役的小型潜艇，排水量仅有860吨。吨位小、低航速、低续航力使得“女神”级不适应在北海和北大西洋等海域的作战需求。况且，自“女神”级潜艇服役以后，世界潜艇技术已有突飞猛进的发展，水滴形艇体的发明，自动寻的线导鱼雷的问世，集成电路数字式火控系统的应

“阿戈斯塔”级潜艇

用，以及推进电机超载大功率的运行方式等，使常规潜艇的机动性、生存力和作战能力得到很大提高。鉴于上述种种情况，法国海军于20世纪70年代初决定研制新型常规潜艇，即“阿戈斯塔”（Agosta）级潜艇。

“阿戈斯塔”级潜艇的首艇“阿戈斯塔”号于1972年开工建造，于1977年7月建成并服役。该级艇共建造了4艘，于1978年在法国海军中全部服役。“阿戈斯塔”级的主要使命是在大洋执行巡逻与侦察任务，既可反潜又可反舰。

“阿戈斯塔”级的问世引起不少中小国家的关注，特别是法国为自己的海军装备该级新型潜艇，更促使外销变为现实，至今共售出（含在建）9艘。西班牙于1975年和1977年分两批订购了4艘，命名为“西北风”级。这4艘潜艇全部由西班牙巴赞公司建造，由法国提供技术和部分设备。南非也在1975年订购了两艘，由法国建造，但由于1977年联合国对南非实行军火禁运，这两艘潜艇被转卖给巴基斯坦，命名为“哈什马特”（Hashmat）级。法国为了促进“阿戈斯塔”级的外销，于20世纪80年代和90年代先后推出该级艇的技术改进型，即“阿戈斯塔80”型和“阿戈斯塔90B”型。

性能优良、战斗力惊人

“阿戈斯塔”级潜艇性能参数

标准排水量：1230吨

水上排水量：1510吨

水下排水量：1760吨

艇长：67.6米

透宽：6.8米

1台发航电机（31马力）

武器装备：SM39“飞鱼”反舰导弹鱼雷4具533毫米艏鱼雷发射管鱼雷与导弹混合装载，共20枚可用36枚水雷代替鱼雷

吃水:5.4 米
水上航速:12 节
水下航速:20 节
水上续航力:8500 海里/9 节
水下续航力:350 海里/3.5 节
下潜深度:320 米
自持力:45 天
动力装置:柴/电推进
2 台柴油机,3600 马力
2 台发电机
1 台电机,4600 马力

对抗措施:装有 ARUR、ARUD 电子侦察和预警系统。
火控系统:DLA 2A 武器控制系统
雷达:汤姆逊无线电公司的 DRUA 33 搜索雷达,波段
声呐:汽姆逊·辛特拉公司的 DSUV 22 声呐,被动搜索,中频 DUUA 2D 声呐,主动搜索与攻击,频率 8kHz
DUUA 1D 声呐,主动搜索
DUUX 2 声呐,被动测距
DSUV 62A 被动拖曳阵,低频

"阿戈斯塔"级潜艇呈鲸形轴对称流线体艇形。该级艇仍然沿用了法国老式潜艇的双壳体结构。该级艇由 2 个耐压水密隔壁将耐压艇体分隔成 3 个耐压舱段。该级艇中的舱室按用途可分成 5 个部分,即鱼雷舱、指挥舱、生活舱、柴油机舱及推进电机舱。

"阿戈斯塔"级潜艇与法国以往的老式潜艇一样,整个艇体光顺流畅,无锚穴和水平舵切口,舷外与上层建筑甲板上几乎无突出附体,系缆桩和导缆钳等突出装置均缩进壳体内。这种优良的艇体外形不仅能保证该级艇的水下高速性能与操纵性能,而且还能降低艇的流动噪声。

"阿戈斯塔"级艇的优良的水下性能除了表现在航速高(20 节以上)外,还在于它具有很强的水下续航力,水下混合航态时,可达 10000 海里。这主要取决于有庞大的蓄电池组,比法国的老式潜艇多一倍,总共 2 组 320 块,单位时间放电量大。一组蓄电池供一台经济电机单独运行时,该级艇能以 1.5 节低速安静地巡逻航行。因为这台电机耗电量很小,所以该级艇能长时间水下航行。

"阿戈斯塔"级鱼雷武器可装载 8 种。其中 F17P 型鱼雷是世

界上最先进的新型鱼雷之一。该型鱼雷不仅噪声小,推进效率高,自导距离大,而且极限射程远,命中概率高,浅水搜索跟踪性能好,对机动目标攻击效果佳。发射管的发射方式分气动冲击式和自航式,后者仅在应急时使用。发射装置能在潜艇的任意下潜深度上发射鱼雷。发射管可一管多用,既能发射各型鱼雷,又能发射飞航式导弹,还能布放水雷。

"阿戈斯塔"级配备的依莱顿型综合声呐系统性能先进,探测能力强,深受各国海军欢迎,已有6个国家订购了30多套。该系统的先进性能主要表现在其具有全量观测、音频收听和频谱分析、目标跟踪以及主、被动测距等多种功能。可同时跟踪4~12个目标,被动站作用距离10~40海里;主动站作用距离8~10海里,测距误差±3%。

为了减震降噪,柴油发电机组安装在整体弹性基座上,并用吸声材料与壳体绝缘。为了增强该级艇的隐蔽性,艇上加装了"痕迹"型水下超低频拖曳天线,天线长300米,可在水下100米深度上施放和回收,并能在300米水深处接收信号,这样大大减少了艇的暴露率。该级艇除鱼雷装载与攻击实行集中控制外,还设有主推进控制中心和航海操纵控制中心,自动化程度达到很高水平。

法国还计划在"阿戈斯塔"90B级上加装自给式水下能源块AIP系统。自给式水下能源块AIP系统的陆基原型已于1998年投入使用。自给式水下能源模块是法国造船局与众多工业伙伴共同合作的成果。它以闭式"兰金"循环发动机为基础,通过在其主回路内燃烧乙醇和氧气(分开存放)的混合气体以产生热能,并借助"兰金"循环使热能转换为电能。这能大大提高该级潜艇的性能。

出口外销:巴基斯坦获得建造技术

1994年,巴基斯坦和法国签署了一份协议:法国向巴方出售三艘“阿戈斯塔”90B 潜艇。但是出售方式有所不同。

第一艘潜艇在法国制造,巴基斯坦直接购买;第二艘在法国制造,由巴基斯坦技术人员组装;第三艘潜艇由巴基斯坦的技术人员在卡拉奇的海军船坞制造,来自法国 DCN 的技术人员提供帮助。

2003 年 12 月 12 日,巴基斯坦自主建造的第一艘“阿戈斯塔”(Agosta)90B 潜艇在卡拉奇的海军造船厂举行建成下水仪式,巴基斯坦总统穆沙拉夫参加了庆祝仪式。

这艘潜艇就是法国向巴基斯坦出售的第三艘潜艇。这艘被命名为“萨阿德(Saad)”的“阿戈斯塔”90B 潜艇是一艘柴油动力的常规潜艇,五年前在法国 DCN 公司帮助下开始建造。其间,由于 2002 年 5 月 8 日发生在卡拉奇的炸弹爆炸事件造成 11 名法国技术人员死亡,导致法国的技术援助小组撤离,以及美国发动的推翻阿富汗塔利班政权的战争,建造工作一度被拖延,但最终还是顺利完成了。

这艘由巴基斯坦自主建造的“阿戈斯塔”90B 潜艇装配有现代化的指挥控制系统,并且能发射反舰导弹和鱼雷,具有反潜、打击水面舰只和情报收集的能力。巴基斯坦海军称“阿戈斯塔”(Agosta)90B 潜艇的建成是巴走向国防自主化的里程碑。

常规潜艇之王
——俄罗斯“基洛”级

名门之秀:红宝石设计局之杰作

提起大名鼎鼎的“基洛”级柴/电常规潜艇,想必所有舰艇迷都知道。在冷战中,这种“基洛”级潜艇曾给美国海军造成巨大的威胁。其实,“基洛”级潜艇的设计者更是大名鼎鼎,它就是红宝石设计局。

1974 年,苏联海军和苏造船工业部签署了研制新型常规潜艇的协议,型号编号 877 型。协议对这一级潜艇提出了在动力、武器装备和降噪方面一系列新的要求。接受该级潜艇设计任务的红宝石设计局在研究了战术、技术要求后,将新艇的研究设计重点放在以下几个方面:降低辐射噪声,提高使用可靠性,提高生存力,具有优越的航海能力,采用模块化建造技术,改善居住性。

新设计的潜艇自 1979 年开始在位于远东阿穆尔河(即黑龙江)畔的共青城船厂建造,俄方代号为“87732 程”,其间屡经改进,如 877M 型加装线导鱼雷,877EKM 型改进火控系统等。红宝石设计局在 1993 年推出了号称“终结者 · 基洛”的 636 型潜艇,是由俄罗斯鲁宾中央设计局研制,由 877 型改进而来,按西方分类属于“基洛”级。由于红宝石设计局有多年常规潜艇的设计经验,877

“基洛”级潜艇

型艇的研制目标均得以实现。

技术先进:全身都是最先进的装备

“基洛”级877M型柴/电常规潜艇性能参数

水上排水量:2350 吨	**水下续航力**:400 海里/3 节
水下排水量:3076 吨	**最大下潜深度**:300 米
艇长:73.8 米	**工作下潜深度**:250 米
艇宽:9.9 米	**自持力**:45 昼夜
吃水:16.6 米	**动力**:柴油/电力推进,5900 马力
水上最大航速:10 节	单轴六叶低噪声桨
水下最大航速:20 节	**武器装备**:6 具 533 毫米鱼雷发射管
水上续航力:6000 海里/7 节	18 枚鱼雷

潜艇的机动性一般包括水上、水下最大航速,最大潜深和续航力,自持力等几个指标。一般认为,航速高、续航力远、自给时间长、潜深大,则机动性就好。为提高潜艇的机动能力,“基洛”级潜艇的动力装置为 2 台柴/电机组、1 台推进电机,两组蓄电池,每组 120 块,可以提供最大航速 20 节或最大续航距离 400 海里的电能。“基洛”级潜艇采用了苏联当时最先进的技术装备,在柴/电机组、推进电机、水声设备以及武器装备系统等方面都足以和西方潜艇媲美。潜艇由克斯曼斯克船厂建造,国内型称“法霞夫扬卡”级。出口型编号 877EKM,即“基洛”级。

“基洛”级柴/电潜艇外形为低阻水滴形,艇体分为六个耐压舱,储备浮力为 30%,任一舱破损都仍能保持不沉。水下排水量超过 3000 吨,如此大的排水量在世界各国的常规潜艇中是比较罕见的。这也使"基洛"级能够拥有大的武器载量、良好的居住性以及优良的远航能力。

"基洛"级的动力装置包括两台柴/电机组,一台推进电机和一台经济巡航电机。柴,电机组可在水面及通气管状态下工作。推进系统为单轴六叶低噪声桨,是俄罗斯常规潜艇家族中唯一一型采用这种驱动方式的。

潜艇的眼睛是水声设备——声呐。"基洛"级配备了 MTK－400 艇壳声呐,具有全方位被动工作方式和航向角 130 度扇面主动测距方式。为降低艇体对水声系统的干扰,设计时特别注意了艇艏线型的优化,艏部无开孔,艏水平舵后移,使艇艏涡流噪声大大减小,并且将艇体噪声源后移,这些措施有效地提高了声呐的探测距离。

"基洛"级的最大特点是极其优异的安静性。现代反潜技术的发展,已使潜艇的生存受到极大的威胁,为对付来自空中、水面、水下的威胁,潜艇只有利用自身的特点——隐蔽性。除了能长时间潜航,还要求尽可能低的航行噪声,减少被敌方声呐发现的可能性。"基洛"级的设计目标就是将安静性置于快速性之上的。作为提高安静性的代价,其 17.5 节的潜航速度甚至低于某些老式的常规潜艇。

安静的杀手:"大洋黑洞"

潜艇的隐蔽性是由潜艇自身的安静程度决定的,安静程度主要取决于潜艇噪声的大小。海战潜艇的噪声低不仅能保持行动的隐蔽,避免被敌方声呐发现,而且可增加自己声呐的探测距离,做到先敌发现,保持作战的主动权。

"基洛"级潜艇被称为"当今世界上最安静的潜艇"。尤其是

636 型采用光滑水滴形艇体，外表短粗，是经过精密计算的最佳降噪形态。其推进器改用七叶大侧斜桨，转速降到 250 转/分；柴油发动机被安置在软垫上运转；并且对全艇所有产生噪音的设备实行封闭管理；潜艇外壳还嵌满了塑胶消音瓦，不但能吸收本艇噪音，还可以衰减对方主动声呐的声波反射。按照国际公认的算式，潜艇水下噪音每减小 6 分贝就可使敌潜艇被动声呐的探测距离缩小一半，一旦潜艇自身噪音降到 9 分贝，那么海洋背景噪音就可以完全掩盖潜艇行踪。在 1996 年印度海军所作的对比试验中，老式的 877 型潜艇和德国的 209 级 1500 型潜艇同场竞技，结果前者先敌 20 海里揪住 209 潜艇的“尾巴”。由此可以推知更先进的 636 型潜艇的安静性在德国的 209 级之上。由于 636 型潜艇静音效果极为出色（自身产生的噪声仅为 118 分贝），一些国外分析人士曾称这位安静的杀手为“大洋黑洞”。

作为安静的杀手，“基洛”级潜艇真正的威力来自于它的武器装备。

该型潜艇的艇艏安装 6 具 533 毫米鱼雷发射管，艇内共配备 18 枚鱼雷，并有快速装雷系统。6 具发射管可在 15 秒内完成射击，两分钟后再装填完毕，以实施第二轮打击。特别令人称绝的是，“基洛”级还可配备“俱乐部”反舰导弹。该导弹系统包括 3M54EI 超音速反舰巡航导弹，可以从水面舰的垂直发射系统或者潜艇的鱼雷发射管中发射，射程达到 300 千米，巡航马赫数为 0.6～0.8，拥有一个 400 千克重的弹头，从而大大提高了其远程打击能力。除此之外，“基洛”级还携带 2 枚 N－1 沉底水雷。令人惊异的是它还装有 SA－N－8 型对空导弹，防空艇上还配备了现代化的电子、水声装备，是苏联乃至俄罗斯常规潜艇的得意之作。

“基洛”级的火控系统采用 MBY－110M 模拟式作战情报指挥系统，能够同时跟踪和攻击两个目标，从探测转入攻击的准备时间为一分钟。从火控系统的反应时间、计算能力、跟踪能力来看，“基洛”级采用模拟式作战情报指挥系统，导致火控系统反应时间慢，接战目标少，但从艇载武器装备看，“基洛”级的武器搭配比较全面，鱼雷、水雷、反舰导弹、防空导弹样样不缺，而且“俱乐部”潜射导弹射程远，具有非常明显的优势。

“基洛”级潜艇凭借其较高的性价比成为了国际武器市场的抢手货，目前已经有近30余艘落户波兰、罗马尼亚、印度和阿尔及利亚等16个国家。

东瀛海底的魔鬼
——“春潮”级潜艇

“春潮”涨起：日本海上自卫的专艇

“春潮”级潜艇是日本于20世纪80代末建造的一级常规攻击潜艇。

1976年10月19日，日本政府曾经召开过一次内阁及国防会议，制定了“日本防卫计划大纲”，按大纲要求，日本海上自卫队将常年维持一支由16艘潜艇组成的潜艇舰队。

日本政府建造潜艇的特点是以前一级的改进型作为新一级潜艇的设计方案，减少了研制周期，每一级的建造数量都较多，另外将建造任务交给两家船厂完成，每家船厂都建有独立的生产线，负责对自己建造的潜艇进行详细设计，从而加快了建造速度，能够在短期内有更多的潜艇服役。

考虑到10艘“夕潮”级潜艇于20世纪80年代全部服役，为达到潜艇建造计划的延续性，从1984年底开始，海上自卫队设计部门就已开始考虑改进型“夕潮”级潜艇所需的装备，并于1985年初开始详细设计工作，到1986年初已完成大部分设计工作。

1986年3月，日本内阁批准建造第一艘改进型“夕潮”级潜艇，即现在的“春潮”级潜艇的首艇“春潮”（Harushio）号，订单于同年5月下达。该艇于1987年4月21日在三菱重工神户造船所铺放龙骨，1989年7月26日下水，1990年11月30日服役。第2艘“夏潮”（Natsushio）号于1988年4月8日开工，1990年3月20日下水，1991年3月20日服役。第3艘“早潮”（Hayashio）号于1988年12月9日开工，1991年1月17日下水，1992年3月25日服役。其余4艘已先后于1990年~1992年开工，1992年~1995年下水，1993年~1997年服役。除最后一艘受1995年1月17日神户大地震影响而推迟服役外，基本上是以每年一艘的速度建造。

1997年，7艘“春潮”级潜艇已全部服役，装配给海上自卫队使用。其主要使命是反潜和攻击大型水面舰艇，具体地说，主要用于战时的海峡封锁、破交作战及和平时期海上交通线的保护。

“春潮”级的艇体比法国的“红宝石”级核动力攻击潜艇还大一些。设计上延续前型的“涡潮”级、“夕潮”级一脉传承的基本构型，包括双壳水滴形舰体、十字形尾翼、单轴、前水平翼位于帆罩上等。但在艇体长度上增长1米，直径略增，排水量增大，其他在人员适居性、艇体材料、潜航续航力、静音能力、水下侦测等方面都有许多改进。所以，“春潮”级基本上是“夕潮级”的改良型。

“春潮”级的第七艘与其他6艘有所不同，排水量增加了50吨，且在自动化水平和其他方面都有提高和改进，使艇员人数由75人减为71人。20世纪末，随着改进型“春潮”级潜艇的服役，日本海上自卫队潜艇舰队的战斗力有了较大提高。

2009年3月27日，首艘“春潮”级潜艇“春潮号”正式退役。之后，日本自卫队准备每一年退役一艘。

技术一流:反潜能力不可小视

“春潮”级潜艇性能参数

水上排水量:2450 吨
水下排水量:3000 吨
艇长:81.7 米
艇宽:8.9 米
吃水:7.4 米
水上航速:12 节
水下航速:20 节
最大下潜深度:300 米
动力装置:2 台川崎 12V25S 柴油机
2 台川崎交流发电机
2 台东芝电动机
武器装备:鱼叉潜射反舰导弹 6 具
533 毫米鱼雷发射装置
电子系统:ZLR-7 电子支持系统
雷达:ZPS-6 平面搜索雷达
声呐:ZQQ-5B 舰艏主/被动数组声呐、ZQR-1 拖曳数组声呐
编制:SS583~588:75 人(其中军官 10 人)
SS589:71 人(其中军官 10 人)

“春潮”级潜艇是日本海上自卫队20世纪90年代服役的一级新型常规动力攻击型潜艇,该级潜艇是一级综合性能较好的多用途攻击型常规潜艇,具有航速高、噪声低、续航力大、武器装备强、自动化程度高和居住性好等多项优点,是日本海上自卫队的主力潜艇。该级潜艇具有如下特点:

1.广泛采用隐身新技术。艇体表面敷设了一层高性能的消声瓦,既能吸收主动声呐的探测声波,抑制艇体振动,还能改善艇体表面流体动力性能,提高了其隐身性能,降低了被敌方声呐探测到的可能性;对艇体内的重大噪声源——动力装置使用了减震筏座,

大幅度地降低了噪声;另外,该级艇的推进器采用的是七叶大侧斜低转速螺旋桨,桨叶由减震合金材料制成,在一定程度上降低了螺旋桨的工作噪声。

2. 武器装备先进。"春潮"级潜艇装备了自行研制的89型鱼雷和美国麦道公司生产的潜射"鱼叉"反舰导弹,攻击能力强。据报道,89型鱼雷与美国海军目前使用的NK48型鱼雷基本相同,既能反舰,又能反潜,综合性能较好。

3. 艇体采用高强度钢,下潜深度加大。"春潮"级潜艇的耐压艇体的主要部分都采用NS110超高强度钢材,使最大潜深达350米(另有估计可达450米)。下潜深度加大对于提高潜艇的隐蔽性和生命力有着十分重要的意义,有利于隐蔽自己和打击敌人。目前,日本仍在继续对NS110钢材的性能进行研究,以期使未来潜艇的下潜深度进一步加大。

4. 探测设备先进。该级潜艇上装备的ZQR-1潜用拖曳线列阵声呐性能优异。据报道,这种声呐探测距离可达数百千米,大大提高了潜艇的远程搜索和攻击能力。

5. 双壳结构,水滴形设计,阻力小,噪音低。该级潜艇采用双壳体结构,艇型为水滴形。外形光顺,除指挥台围壳外没有任何凸出的壳罩;为减小噪音,艇壳表面敷有消声材料。

性能比拼:"春潮"级PK"基洛"级

2006年11月21日,日本防卫厅对外宣布:海上自卫队"春潮"级潜艇在油津港附近海域参加演习时与一艘货轮相撞。引人注意的是,这艘编号为SS589的"春潮"级潜艇,正与美国海军第7舰队"小鹰"号航母战斗群进行"潜艇猎杀航母"的联合演习,而"春潮"级潜艇扮演的角色正是美军航母在东亚地区最大的假想敌之一——俄制“基洛”级潜艇。

“春潮”级潜艇是日本最先进的常规潜艇，美国人称之为“日本的‘基洛’级”。由此可见，“春潮”级潜艇的先进性以及其在美国人心中的地位。

看到这里，读者朋友们可能会不由得质疑——日本的“春潮”级究竟有几分神通，会让美国人另眼相看，并将其与大名鼎鼎的俄罗斯“基洛”级潜艇相提并论？

下面就让我们把“春潮”和“基洛”一起对比一下，让它们在虚拟沙场一决高下。我们也可以透过这场性能比拼，顺便了解一下神秘的日本海上自卫队水下战队的真实实力。但是由于“基洛”级潜艇改型众多，无法逐一对比，我们选择的是最新型的636M型“基洛”级潜艇与“春潮”级潜艇进行对比。本节中的“基洛”级潜艇若无特殊说明，均指636M型。

第一，就潜艇最基本的航海能力与水下航行能力而言，“春潮”级略显优势。

“基洛”级潜艇是俄罗斯最强大的常规潜艇，它的水上排水量为2300吨，水下排水量3040吨，采用2台1500千瓦的柴油主机、一台5500马力的主推进电机和240块高能蓄电池，最大航速分别为水面10节和水下19节，极限下潜深度300米，工作下潜深度240米。

“春潮”级的水上和水下排水量分别为2450吨和3000吨，艇上装备了2台川崎12V25S柴油机、2台由柴油机带动的发电机、1台7200马力推进电动机及480个新型高容量液冷蓄电池，最大潜航速度20节，工作下潜深度也达到了300米。

作为世界上第一种采用水滴艇形的“大青花鱼”号潜艇的“直系子孙”，“春潮”级沿用了战后日本常规潜艇传统的水滴艇形和双壳体的结构设计，航海能力特别是水下性能相当优良。

而作为俄罗斯常规潜艇的巅峰之作，“基洛”级同时创下了俄罗斯常规潜艇发展史上的“三个第一”——第一个采用水滴形艇型、第一个采用大直径低转速单桨、第一个采用单轴电力推动方式。这一系列改进让“基洛”级的水下航行能力和早期的R级、F级相比有了明显提高，但和集日本常规潜艇技术之大成的“春潮”级相比仍显逊色。

第二，从操控系统方面来看，“春潮”级比“基洛”级更为成熟。

电子设备性能落后是俄制武器的痼疾，让人欣慰的是，636M型艇在这一点上已有长足进步，作为“基洛”家族的终极改进型，636M在电子设备上最大的改进就是采用新型的OMNIBOMNIBUS-E作战指挥系统和LAMA-EKM自动化信息控制系统，取代了877型艇上原有的MBY-110M模拟作战指挥系统。其中，OMNIBOMNIBUS-E作战指挥系统主要用于武器控制。而LAMA-EKM自动化信息控制系统，则在俄制常规潜艇上第一次实现了对导航、声呐、雷达、潜航深度测量、机械控制、电力等子系统的信息综合管理，该系统同时也拥有武器控制功能，其配备的综合信息显示系统可利用OMNIBOMNIBUS-E作战指挥系统来处理50个目标，跟踪其中的10个，一次可使1～4枚鱼雷或导弹攻击其中1～2个目标，攻击准备时间小于3秒钟。

二战后，日本发展的各型常规潜艇都以电子设备精良著称。由于与美国的关系和自身发达的电子工业，海上自卫队可以第一时间装备来自美国的各种先进水声设备。这一点也被“春潮”级继承下来。“春潮”级的艇艏位置就配备了一套ZQQ-5B声呐系统，包含艇艏主/被动数组声呐以及艇艉的ZQR-1型潜用被动拖曳数组声呐，对目标的最大探测距离超过100海里，除了没有艇艏的大型球形主动声呐外，其声呐系统的综合指标已和美国海军现役的“洛杉矶”级攻击核潜艇相当。火控方面，“春潮”级采用ZYQ-2型，可同时跟踪10个目标并攻击其中的3个目标。全面升级后的“基洛”级火控系统，其各项主要指标已达到或接近“春潮”级水平，但636M型艇上采用的大多是第一次装艇使用的新型设备,其可靠性与以成熟设备为主的"春潮"级相比,仍有一定差距,尤其是缺少了对潜艇远距离交战至关重要的拖曳声呐,这在相当程度上限制了"基洛"级的反潜能力。

第三,从武器装备方面来看,"基洛"级有绝对优势。

"基洛"级装备了6具533毫米口径的鱼雷发射管,除可使用包括最新的尾流制导鱼雷在内的各种俄制533毫米重型鱼雷外,636M型在武器系统上的最大亮点就是装备了俄最新型的"俱乐部"系列导弹。

"俱乐部"系列导弹,包括3M－54E超音速反舰导弹、3M－14E对地攻击巡航导弹和91REl型反潜导弹。其中,3M－54E导弹的最大飞行速度达到了惊人的2.9马赫,采用"惯性导航＋主动雷达寻的"的复合制导方式,最大射程300千米,其携带的400千克战斗部足以让1艘5000吨级的驱逐舰当场瘫痪。而3M－14E导弹则与著名的"战斧"导弹类似,可在飞行150千米后击中"一间办公室"。这两型导弹的服役,使636M成为了第一种具备远距离反舰和对地精确打击能力的俄制潜艇,而最大射程高达50千米的91REl型反潜导弹的服役,则让636M拥有了强大的远程反潜能力。

与"基洛"级琳琅满目的武器列表相比,"春潮"级的武器系统单调得多。"春潮"级也装备了6具533毫米鱼雷发射管,总共可携带20枚鱼雷或导弹。目前,"春潮"级上配备的只有日本自制的89式鱼雷和美制"捕鲸叉"潜射反舰导弹两种。其中,"捕鲸叉"导弹采用鱼雷发射管发射,最大射程为130千米,最大飞行速度0.9马赫。89式鱼雷则是一种线导加主、被动声自导鱼雷,航速55节,其作战距离为38千米,战斗部重267千克,技术性能和美国核潜艇上的标准装备MK－48重型鱼雷大体相当。

第四,从潜艇的静音性能方面来看,两者不相上下。

“基洛”级潜艇自问世以来,便以其出色的静音性赢得了“大洋黑洞”的美名。最新636M型艇上,除保留了在877型艇上就已采用的减震浮筏和消声瓦等技术外,还将艇上的推进器由原有的六叶桨改用七叶大侧斜桨,转速降低到250转/分,使潜艇的噪音进一步降低。

关于“春潮”级的静音水平,资料匮乏,为此很难作出精确评价。但从目前已有的数据看,“春潮”级上同样使用了减震浮筏和七叶大侧斜桨等技术,艇壳上敷设了日本自行研制的消声瓦,使该型潜艇成为了更加沉默的水下忍者。美日海上演习时,连反潜能力强大的美国海军都对此型潜艇头痛万分,并作出了“静音水平不逊于基洛877型”的评判。

第五,从舒适性方面来看,“春潮”级要比“基洛”级舒适得多。

和具体技术指标相比,潜员工作和居住环境的优劣常被人忽视,但实际上,由于需要长期在水下作战,潜员的生活和作战环境与水面舰艇相比要恶劣许多,因此也就对潜艇的人机工程设计人员提出了更高要求。

“春潮”级上的每个艇员都有一张独立的床铺和个人储物柜,艇长室的面积也比同级别潜艇要大。艇上还有配置齐全的厨房和专门的艇员餐厅,餐厅内装设了彩电等娱乐设备,这些措施极大地改善了生活条件,也有利于战斗力的保持。

与之相比,“基洛”级在人机工程性上就落后许多,尽管636M型艇57人的编制少于“春潮”级上的75人。但因为采用了超常规的降噪措施,增添了许多专用设备,压缩了人员的生活空间,从目前公布的图片资料看,“基洛”级狭小的厨房和拥挤的艇员舱,比“春潮”级的工作和生活环境的确要稍逊一筹。

第六,从潜艇的改进潜力上来看,“基洛”级与“春潮”级双方可谓是难分高低。

常规潜艇的使用寿命可达30年,因此服役期的升级改进潜力也是评估潜艇战斗力的一个重要指标。

“基洛”级在设计时所采用的模块化设计思路，就为将来添置新设备安排了预留空间，未来可升级的项目包括加装 AIP 系统和新型拖曳声呐系统等，届时潜航时间可增至 2 周以上，水声探测能力也会相应提高。

与所有日本潜艇一样，“春潮”级自下水之日起，改进工作就一直在进行中。其中最大的一次改进是在 2000 年 12 月，改装对象正是发生事故的“朝潮”号，其改装是将艇身后段切开，插入一段拥有 4 台由瑞典授权日本生产的“斯特林”MK 发动机以及相关装备的船段，经改装，“朝潮”号全长增至 87 米，满载排水量增至 2900 吨，最大潜航时间由 120 小时增至 2 周。几年的实际使用，使海上自卫队获得了大量使用“斯特林”发动机的第一手经验，也证明“春潮”级可以升级为 AIP。

通过以上对比，人们对于“基洛”级和“春潮”级的优劣会有个初步评判：在航海能力、改进潜力和静音性能上双方大体相当，操控系统和人员舒适性上“春潮”优势明显，而在武器系统的总体水平上，“基洛”又把“春潮”远远抛在了后面。仅就技术指标而言，双方可谓是难分伯仲，至少可以说，“春潮”级与“基洛”级这两者有可比性。

不过，决定一种武器优劣的标准不仅仅是具体的性能数据，另外要看该型武器是否能完成它所承担的具体作战任务。作为各自国家水下力量的绝对主力，“基洛”级和“春潮”级承担的主要作战任务也基本相同：第一，完成对敌方海上运输线的封锁作战；第二，有效保证己方海上运输线的安全。

对于岛国日本而言，遭到海上封锁后所面临的后果绝对是灾难性的，这一点早已是人所共知，但容易让人忽略的一点是——今日之亚洲，严重依赖海运的国家不仅仅只是日本一个！在对手发起对日本的海上封锁作战的同时，日本同样可以使用自己精锐的潜艇部队，对其海上生命线进行水下反击！到目前为止，包括美国海军在内，世界上还没有哪个国家拥有和日本一样强大的反潜能力，这就决定了日本潜艇在实际作战时，所面临的对手的水平也许还比不上它在训练时的假想敌！这也决定了在未来可能爆发的“基洛”和“春潮”的对抗中，很难出现“基洛”主攻“春潮”防守这样一边倒的作战模式。

与“春潮”相比，“基洛”级最大的劣势是落后的电子设备，特别是因缺乏拖曳声呐而导致的水声探测能力的不足。一旦“春潮”反客为主，它大可利用艇上的声呐和数据链等手段，获得敌方商船队的详细信息，随后隐蔽机动到船队的航线附近，利用自己的声呐优势实现“先敌发现、先敌打击”。

如果双方角色互换，由“基洛”级回到攻击方的位置上，局面也不会有明显改观。今天的日本海上自卫队已被公认为世界上远洋反潜能力最为强大的海上力量，在未来的对抗中，“基洛”级在应对“春潮”级水下挑战的同时，必将面对敌方反潜机和水面舰艇的联合绞杀。

日本海上自卫队是日本自卫队的海上部分，成立于1954年7月1日。根据太平洋战争的经验，海上自卫队以非常重视反潜与扫雷闻名，训练也集中在这两项，这两项是日本海上自卫队的长处。

通过日本的“春潮”级与俄罗斯的“基洛”级对比不难发现，二战后由于受到美国的扶持，日本海上自卫队发展至今已经具有一定实力，至少在技术上并不落后，在经济实力上更是有保障。另外日本捏造所谓“中国威胁论”的同时，却在暗暗地扩充装备，升级武器，试图打造21世纪亚洲第一海军。时至今日，已经有一定规模，并具有相当的实力。日本自卫队的作为，应该引起包括中国在内的多个亚洲国家的警惕。

核动力潜艇横空出世
——“鹦鹉螺”号核潜艇

“鹦鹉螺”出世:核潜艇的先驱

“鹦鹉螺”号核潜艇(USSNautilusSSN - 571)是世界上第一艘核动力驱动的潜艇。

“鹦鹉螺”号问世的意义在于,它首开应用核动力之先河,潜艇由此进入了一个新纪元。最先考虑将原子能用作潜艇动力的是美国海军研究实验室机电处主任、著名物理学家罗斯·冈恩。如果说冈恩等人是核潜艇构想的提出者,那么将这一设想最终变为现实的,就是“核潜艇之父”——海曼·乔治·里科弗。

1946 年,美国海军部决定成立原子能研究机构,并挑选一名上

“鹦鹉螺”号核潜艇

校军官来主持这项工作。早就对原子动力情有独钟的里科弗主动提出了申请,并以其深厚的舰艇工程知识和娴熟的动手能力获得了批准,从此他便与核动力结下了不解之缘。经过反复研究,里科弗提出美国海军核动力计划的第一步应该放在潜艇上。因为核动力的最大优势首先体现在潜艇上,只有"航程无限"的核能与"隐蔽出击"的潜艇相结合,才能促成战略作用极为重大的威慑性武器的出现。最终,里科弗的计划被采纳。

1948 年,美国原子能委员会和美国海军联合宣布了建造核潜艇的决定;1949 年,里科弗被任命为国防部研究发展委员会动力发展部海军处负责人,并兼任原子能委员会、海军船舶局两个核动力部门的主管和核潜艇工程总工程师,从此里科弗的名字便与核潜艇连在了一起。1952 年 6 月 14 日,世界上第一艘核动力潜艇"鹦鹉螺"号在美国格罗顿举行铺设龙骨的仪式。1953 年 3 月 30 日美国当地时间 11 时 17 分,陆上模拟堆热中子反应堆达到了临界状态。6 月 25 日,核动力装置达到了满功率,并完成了持续 4 天 4 夜的满功率运转试验,这标志着这艘核潜艇已经具备了以不间断的全速横渡大西洋的能力。

核能动力:"鹦鹉螺"号非同一般

"鹦鹉螺"号核潜艇性能参数

水上排水量:3533 吨	**下潜深度**:213 米
水下排水量:4092 吨	**动力**:S2W 型压水核反应堆 1 座 蒸汽轮机 2 台,双轴
艇长:98.7 米	
艇宽:8.4 米	**功率**:15000 马力
吃水:6.6 米	**武器装备**:553 毫米鱼雷发射管 6 具

水上航速:22 节　　　　　　鱼雷 24 枚

水下航速:23.3 节　　　编制:105 人

总体上看,“鹦鹉螺”号核潜艇采用的是常规动力潜艇的外形。这种外形的基本特征是艏柱为圆弧形,干舷较低,上甲板呈平直形状。该艇的艏水平舵为可收放结构,不使用时则可折叠收起。在艏水平舵的后面,有一个锚穴,锚就收藏在那里。指挥台围壳位于该艇中间偏靠艇艏的位置上。“鹦鹉螺”号核潜艇的艉部基本上采用了常规动力潜艇的艉部结构形式,艉舵位于螺旋桨的后面,但是艉垂直舵却分成上下两块,与艉水平舵呈十字形布置,有两根推进轴、两个螺旋桨。

“鹦鹉螺”号核潜艇的耐压艇体内总共分为 6 个舱室,其布置顺序从艏至艉依次是鱼雷舱、居住舱、作战指挥舱、反应堆舱、主机舱和艉舱。

鱼雷舱装备有 6 具 533 毫米鱼雷发射管,装载着一定数量的鱼雷。居住舱和作战指挥舱均分为三层,居住舱的上层是供 10 名军官居住的军官舱室和军官会议室。其中,军官会议室的面积比美国海军舰队型潜艇上军官会议室的面积大 3 倍。中层是烹调室和士兵餐室,一次能够提供 46 名艇员在此同时进餐,还可布置成一个小型电影放映厅,可容纳 50 名观众。另外,餐室里还设有冰激凌机、饮料机、磁带录音机和电视机等。指挥舱的上层是潜望镜室和攻击指挥室。攻击指挥室的后部是无线电通讯室。指挥舱的中层是操纵指挥室,核潜艇上所有舵的操纵都集中在这里。该艇的各种舵采用舵轮和操纵杆方式。操纵指挥室的后部是士兵艇员居住舱。作战指挥舱和居住舱的最下面一层是各种液舱、蓄电池舱、泵室以及舱库等。

反应堆舱里布置了一台 S2W 型压水反应堆、热交换器、各种泵以及反应堆用水舱等。反应堆舱的顶部利用铅屏蔽进行了密封,并在其顶部形成了一条屏蔽走廊,成为艇上人员的安全通道。主机舱内布置有两台齿轮传动汽轮机和各种辅机:动力装置的控制台也布置在主机舱内。核潜艇上的两台齿轮传动汽轮机,在反应堆产生的饱和蒸汽的驱动下,可以产生15000轴马力的动力,从而使得“鹦鹉螺”号核潜艇的水面最高航速达到22节,水下最高航速达到23.3节。

位于核潜艇最后部的艉舱是士兵居住舱。艇上的艇员人数编制为105名,但是在一般的情况下艇员人数往往要超过编制人数。因为“鹦鹉螺”号核潜艇担负着重要的试验任务,因此经常有接受培训的人员、负有特殊使命的人员以及参加试验的人员随艇航行。因此,艇上的大部分都使用二层或者三层的床铺。每一个铺位的三个壁面采用的都是轻金属围壁,形成一个基本独立的个人支配空间,床铺上装有个人使用的照明灯具。每一个艇员都有一个存放个人用品的专用柜。

“鹦鹉螺”号核潜艇上没有设置艉鱼雷舱,这一点与美国海军的舰队型潜艇的舱室布置有所区别,而且还增添了一些舰队型潜艇上不曾配备的设施,例如自动洗衣机、干燥机、图书室以及放射性剂量检测室等。此外,“鹦鹉螺”号核潜艇上的大功率空调系统可以使艇内的舱室温度保持在20~22摄氏度,相对湿度保持在50%左右。

核潜艇上总共携带有24枚鱼雷,其中6枚装备在HK-54型水压式鱼雷发射管中,18枚备用。同时,艇上装备的声呐是AN/BQR-2B型艏部声呐。美国海军在1958年对“鹦鹉螺”号核潜艇进行改装之后,又在该艇的前甲板右舷增设了AN/BQR-3A型声呐,以便增强该艇的水下探测能力。

超长远航:穿越冰层抵达北极点

1954年1月21日,人类第一艘核动力潜艇"鹦鹉螺"号在上万名观众的欢呼声中下水。经过努力,"鹦鹉螺"号在这年年底全部竣工。从理论上讲,它可以以最大航速在水下连续航行50天、航程3万海里而无须添加任何燃料。艇上还装备了自导鱼雷。

1955年1月17日,"鹦鹉螺"号进行了首次试航,人类历史上第一艘核潜艇正式开始遨游大洋。它的首任艇长为威尔金森海军中校。5月份,"鹦鹉螺"号又进行了90多个小时的水下远航试验,航程为1381海里,是当时常规动力潜艇水下最大航程的9倍。它还以20节的平均时速,完成了从佛罗里达基韦斯特到新伦敦之间1397海里的航行。

从1954年1月21日下水到1957年4月第一次更换燃料棒时为止,"鹦鹉螺"号总航程达62526海里,仅消耗了几千克铀。而常规潜艇要是以同样速度航行同样的距离,将会消耗大约8000吨燃油。"鹦鹉螺"号还以首次水下航行抵达北极点而闻名于世。

"鹦鹉螺"号所展现的巨大魅力还不仅于此。据披露,自其服役后,美国用它多次进行了潜一舰对抗以及反潜演习。1955年7~8月份,在"鹦鹉螺"号首次进行的作战演习中,它轻而易举地战胜了包括一艘反潜航母在内的反潜编队,在这次对抗演习中,"鹦鹉螺"号共"击沉"了7艘"敌舰"。随后在北约所组织的名为"反击"的演习中,受到"鹦鹉螺"号攻击的水面舰艇数量达到16艘,其中包括航母2艘、重巡洋舰1艘以及驱逐舰9艘,其余的4艘为油轮与货轮。

据统计,"鹦鹉螺"号在历次演习中共遭受了5000次攻击。据保守估计,若是常规动力潜艇,它将被击沉300次,而"鹦鹉螺"号仅为3次,“鹦鹉螺”号展示了核潜艇确实具有无坚不摧的作战能力。

“鹦鹉螺”号的问世具有不可估量的巨大价值,它的政治与军事意义是深远的。但由于该艇主要供试验之用,因此没有建造后继艇。该艇于1980年退役后在其诞生地格罗顿作为纪念艇被永久保存。

自从“鹦鹉螺”号问世后,各海军大国纷纷发展核潜艇。其中,历史上传统的潜艇强国德国和日本因为是战败国而无缘跻身其中。而中国经过自身的艰苦努力也成功拥有了核潜艇。迄今,世界上共有5个拥有核潜艇的国家,即美国、俄罗斯、英国、法国和中国,而其中以美国和俄罗斯两国核潜艇的发展最有代表性,无论是建造级别、建造数量还是发展水平都是其他三个国家无法企及的。

第一艘弹道导弹核潜艇
——“乔治·华盛顿”级潜艇

冷战思维:“华盛顿”号更加威猛

1957年10月4日,苏联从它在里海北岸的火箭发射基地向太空成功地发射了人类历史上的第一颗人造卫星,这次成功的发射向全世界表明了这样一个事实——包括美国在内的所有西方国家,都已笼罩在苏联带有核弹头的弹道导弹的攻击范围之内,这使美国军政各方感到十分震惊。10月4日晚上,白宫和五角大楼彻夜灯火通明。

美国的政界和军界领导人在焦急地讨论着美国的防御能力问题。艾森豪威尔总统在紧急召开的记者招待会上发表讲话时故意轻描淡写地说,苏联发射的这颗人造卫星没有什么实际上的军事意义。然而,美国的大多数军事领导人却不同意艾森豪威尔总统的这种说法,他们十分清醒地认识到,苏联已经拥有或即将拥有功率足够大的火箭发动机以及相当精确的导弹飞行制导系统,从而使美国几乎所有城市和军事设施处于苏联热核武器打击的范围。

面对苏联的这种压力,美国政府和军事部门开始加紧着手建立美国的战略打击力量。美国海军特种计划局重新审查了当时正在进行中的"北极星"计划,建议把原计划在1963年服役的第一艘携带"北极星"弹道导弹的战略核潜艇的服役日期提前到1960年11月底。这就是说,美国海军应该在24个月的时间里建成可以携带"北极星"弹道导弹的核潜艇。不过,"北极星"弹道导弹的射程必须从原来预定的2800千米减少到2200千米。

美国海军期望在24个月内能够拥有弹道导弹核潜艇,但是,这种愿望能否实现,海军内外的许多专家都持怀疑态度。因为,当时美国海军最新式的"鲣鱼"级攻击型核潜艇的首艇"鲣鱼"号,从铺设龙骨到建成总共花费了29个月的时间。建造一艘攻击核潜艇尚且需要如此多的时间,那么计划在24个月内建造美国海军从未拥有过的、在技术方面更为复杂的弹道导弹核潜艇,存在的困难是可想而知的。为此,美国海军就尽快建成"北极星"弹道导弹核潜艇的问题向电船分公司进行了咨询。

在经过各方面论证之后,电船分公司提出了一个巧妙的解决办法,即利用"鲣鱼"级攻击型核潜艇的设计、艇体和设备,把当时正在船台上建造的"鲣鱼"级攻击型核潜艇的第二艘"鲉鱼"号(也称"蝎子"号)的艇体舯部,即在指挥舱与反应堆舱之间切开,嵌加上一段弹道导弹舱。于是,一种新型的核潜艇诞生了,这就是美国海军的第一艘弹道导弹核潜艇——"乔治·华盛顿"号。

战略威慑:"乔治·华盛顿"性能超常

"乔治·华盛顿"号核潜艇性能参数

水上排水量:5900 吨	**水上航速:**15 节
水下排水量:6880 吨	**水下航速:**24 节
艇长:116.3 米	**下潜深度:**213 米
艇宽:10.1 米	**自持力:**60 天
吃水:8.8 米	**编制:**132 人

"乔治·华盛顿"号的反应堆舱里布置有一座由威斯汀豪斯电气公司制造的 S5W 型压水反应堆。主机是通用电气公司制造的齿轮减速汽轮机,功率为 15000 轴马力。

"乔治·华盛顿"号拥有 6 具 533 毫米水压式鱼雷发射管,16 个"北极星"弹道导弹发射筒,分为两排垂直布置,每排 8 个。

"乔治·华盛顿"号的电子设备很先进,艏部呈半球形,半球形的上部布置着 AN/BQS-4 型主动声呐基阵,下部布置着 AN/BQR-2B 型被动声呐基阵。

在"乔治·华盛顿"核潜艇的建造过程中,美国海军也在不断地对"北极星"A1 弹道导弹进行改进,并使其日臻成熟。从 1958 年 9 月到 1959 年 9 月,美国海军总共进行了 17 枚"北极星"A1 导弹的飞行试验。1959 年 9 月,美国海军开始"北极星"A1 潜射弹道导弹的首次试射。在此后的 10 个月中,在大西洋导弹靶场共试射了 30 枚"北极星"A1 潜射弹道导弹的样弹。

战略巡逻:全球畏惧

“乔治·华盛顿”级弹道导弹核潜艇总共建造了5艘,都编入到第14潜艇中队,以苏格兰的霍利湾为基地执行在北大西洋方面的非战时巡逻任务。

“乔治·华盛顿”级的首制艇“乔治·华盛顿”号于1959年12月30日服役。1960年7月20日,该艇在佛罗里达州的卡纳维拉尔角以水下潜航的状态成功地发射了第一枚全功能的“北极星”A1弹道导弹。三个小时之后,又成功地发射了第二枚。从此,美国海军拥有战略核武器系统。

在艇长J. B.奥兹本中校的指挥下,“乔治·华盛顿”号于1960年11月15日携带16枚“北极星”A1导弹开始在北大西洋执行它的第一次非战时巡逻任务。这次巡逻历时66天10小时,于1961年1月21日返回基地。“乔治·华盛顿”级弹道导弹核潜艇的建成与使用,标志着潜射弹道导弹第一次构成了真正的全球性威慑力量。

“乔治·华盛顿”级的5艘弹道导弹核潜艇目前已经全部退役,其中首制艇“乔治·华盛顿”号于1981年11月20日被改装成攻击型核潜艇,1985年4月30日退出现役。

被限制使用的深海怪物——“阿尔法”级核潜艇

怪物出世:代号“天琴座”

“阿尔法”级又简称A级,海军代号“天琴座”,设计编号为

705，由“孔雀石”设计局设计，是苏联第三代攻击核潜艇。

“阿尔法”级的建成和服役是在1977年至1983年。该级首艇于1960年中期开工，1970年在列宁格勒的苏达米赫船厂完工。与正常计划相比，建造时间很长，很可能这是一条样艇。在1974年该艇被拆毁。此后，于1979～1983年间在苏达米赫船厂和北德文斯克建造了6艘。

“阿尔法”级核潜艇

对于苏联研制“阿尔法”级的背景，西方有许多解释。其中一种解释是，苏联海军打算把“阿尔法”级核潜艇作为高速的水下“歼击机”来使用，在敌人的水面舰艇编队接近苏联海岸线时，苏联可以利用“阿尔法”级从基地迅速驶向敌编队，实施快速攻击。另外一种解释是，1958年，苏联人过于相信了美国媒体的宣传，决心建造高性能的“阿尔法”级，以便与美国的先进核潜艇一争高下。当时，美国“鲣鱼”级攻击型核潜艇正被美国新闻媒体大肆炒作，称其水下最高航速可达45节。特别是美国海军一名潜艇部队的少将于1958年发表的一篇评价美国核潜艇发展趋势的文章起了推波助澜的作用。这位退役潜艇部队少将在文章中说："由于在潜艇核动力方面的不断发展，核潜艇的航速有望达到50节甚至更高，并且潜深也将达到1000米……"尽管后来的事实证明"鲣鱼"级远没达到45节的航速，但当时媒体的炒作很可能成为苏联研制"阿尔法"级的因素之一。

苏联海军"阿尔法"级(705型)攻击型核潜艇至今仍是各国潜艇专家议论的对象，在方方面面的研究中，许多专家对于该级艇的成败得出了不同的结论。有些潜艇专家认为，"阿尔法"级由于造价高昂，应列入典型失败设计之列。另一些潜艇专家则认为，"阿尔法"级是性能极为优越的核潜艇典型设计。无论评价如何，"阿尔法"级不但引起了西方的震惊，而且对美苏核潜艇的发展起到了双重推动作用。

自动化的"阿尔法"级噪声最大

"阿尔法"级核潜艇性能参数

水上排水量:2700 吨	**水上航速**:20 节
水下排水量:3600 吨	**动力装置**:2 座液态金属铅铋合金反应堆,170 兆瓦
艇长:81.5 米	台涡轮发电机;50000 马力(37 兆瓦)
水线长:75 米	单轴,1 个 5 叶螺旋桨,2 个辅助螺旋桨
艇宽:9.5 米	**武器装置**:6 具 533 毫米鱼雷管
吃水:7.5 米	SS-N-15 对潜导弹

水下航速:42 节　　　　**编制**:40 人

“阿尔法”级采用水滴形设计、双壳体结构,是苏联建造的攻击型核潜艇中排水量最小的,共分为鱼雷舱、机电舱、中央指挥控制舱、反应堆舱、主机舱和艉舱共 6 个舱室.艇员编制 45 人(均为军官),自持力 60 昼夜。艇上安装了 6 具 533 毫米鱼雷发射管,可携载发射 20 枚 53 型两用鱼雷或 24 枚水雷。

“阿尔法”级潜艇与快速性相关的艇长的减少,表明在流体动力学设计和层流技术方面取得了相当大的进展。艇体采用钛合金,使下潜深度达到 700 米,这也使得磁性大为减弱。但是,该级艇的声速分布较高,这是 25 年来的设计的现实反映。所有这些潜艇的噪声状况都没有太大的变化,也可能现在在海上的“西尔雷”级作了未来的设计,具体体现在后继级上。

艇员数的减少反映了较高水准的自动化。航海系统包括惯性导航系统、卫星导航、“罗兰”和“奥米伽”。高水准的航速与噪声密切相关,低速时要安静得多。

建造史上的“六个第一”

“阿尔法”级采用了众多的新技术,创造了苏联核潜艇建造史上的“六个第一”,它一问世就引起了国际社会的广泛关注,被称为是“超越时代的核潜艇”。

其采用的新技术包括:

首次采用了新型战斗情报指挥系统,具有高度自动化水平。由于技术复杂,艇员一律为军官,而且潜艇也像飞机一样由地勤人员负责维修。

首次采用了 170 兆瓦的 OK－550/BM－40A(671B 型改为 1 部

VM－40）液态金属（铅铋合金）大功率反应堆，以新型的液态钠冷却反应堆，功率密度为普通反应堆的4倍，因而具有极高的航速。

首次采用了400赫兹、380伏的动力电源系统，从而大大地降低了电气设备的尺寸重量。

首次安装了气动液压式鱼雷发射装置，该装置能在潜望深度至极限深度下发射533毫米鱼雷及相同口径的武器。

首次设置了漂浮救生舱，可在应急情况下保证全体艇员的逃生。

首次采用了三维流线型的轿车式指挥室围壳、全部可收发式升降装置、折叠式的艏升降舵，因此潜艇的机动性和操纵性都很好。

当然，“阿尔法”级最令世人惊叹之处还在于其集大潜深和高航速于一身，其最大潜深达914米，仅次于“麦克”级；水下航速42节，世界第一。

需要指出的是，“阿尔法”级的最大航速实际上要略逊于P级巡航导弹核潜艇（最高航速达44.7节），但后者只是一种试验型潜艇。有报道称，美国海军1979年春首次发现“阿尔法”级核潜艇能潜入900米的深海时竟不知所措——当时的各型鱼雷甚至都达不到这一潜深，根本无法对其实施攻击。

不过，“阿尔法”级采用了大量当时还不是很成熟的技术，其性能并不是很稳定，“阿尔法”级最为人诟病之处在于其在低速巡航时与苏联其他型号攻击型核潜艇的噪声相差不大，而在全速航行时辐射噪声惊人。

据美国海军称，设在百慕大的监听站竟然都能够收听到位于挪威海域的“阿尔法”级核潜艇的螺旋桨噪声。这一说法虽有些夸张，但也从一个侧面说明“阿尔法”级的噪声的确是相当大。同时，“阿尔法”级排水量较小，艇载的武器装备数量也相当有限，攻击能力不是很强。

因此有人说,“阿尔法”级是一个苏联海军单纯追求“高航速”“大潜深”而牺牲了其他性能的“怪胎”。另外,“阿尔法”级的可维护性也不好,可靠性不高。

该级首艇 K－377 号在 1971 年 12 月投入试验性运行,但在 1972 年就发生了严重事故,被海军从序列中除名,1974 年报废并被拆毁。1979～1983 年间批量生产的 6 艘也故障频发,成批生产的首艇在 1988 年被拆毁,其余 5 艘也在 20 世纪 90 年代全部退出现役并被拆解。

无敌勇士
——“征服者”号核潜艇

勇士出场:“征服者”号高瞻远瞩

“勇士”级潜艇是英国在第二次世界大战后发展的核动力攻击型潜艇,1962～1971 年共服役 5 艘。这 5 艘艇都有段不平凡的历史,称得上是大英帝国的“勇士”。

其中“勇士”号 1967 年从新加坡潜航返回英国,完成 1.2 万海里航程,创下了英国海军潜艇水下连续航行 25 天的纪录;“丘吉尔”号在 1979～1980 年成功地进行过潜射“鱼叉”导弹的发射试验,为该级潜艇改装美制“鱼叉”导弹铺平了道路。最声名显赫的是“征服者”号。

第二次世界大战结束以后,世界很快进入了冷战格局。1955 年,美国第一艘装有核反应堆的“鹦鹉螺”号潜艇下水,而且试航成功。保守的英国人终于坐不住了,他们组织大批科学研究人员研制新一代核潜艇。“征服者”号核潜艇就是在这样的背景下被研制出来的。

1967 年 12 月 5 日,“征服者”号核潜艇开工建造,1969 年 8 月 28 日下水。1970 年 11 月 9 日服役。

“征服者”号核潜艇装有先进的雷达和声呐等电子设备,携带 25 枚“虎鱼”鱼雷,它的主要任务是在水中暗地里保护特混舰队的水面舰只。

“征服者”号核潜艇服役之后,便在英阿马岛海战中立下了汗马功劳,成为潜艇史上首次击沉敌军舰的核潜艇。

性能一流:鱼雷百发百中

与欧美的核潜艇相比,“征服者”号核潜艇的性能并没有优势,它最大的特点在于武器装备,艇艏装有 6 具鱼雷发射管,可发射线导鱼雷,也可发射反舰导弹,载弹量 26 枚。可发射总数多达 32 枚的“鱼叉”导弹和“虎鱼”NK24 - 2 型鱼雷。

最有威胁的就是这个“虎鱼”式线导鱼雷。“虎鱼”式线导鱼雷是英国研究制造的一种新式鱼雷,长 6.46 米,直径 533 毫米,重量是 1550 千克,航行速度是 33 节,可航行 32000 米,作战中能够百发百中。

“征服者”号核潜艇性能参数

水上排水量:4400 吨	**下潜深度:**300 米
水下排水量:4900 吨	**动力特置:**1 座压水堆 2 台蒸汽轮机
艇长:86.9 米	
艇宽:10.1 米	**探测设备:**1003 型搜索雷达 2001、 2007 型声呐
吃水:8.4 米	**武器装置:**艇艏 6 具 533 毫米鱼雷

发射装置及若干枚鱼雷

水上航速:20 节

水下航速:30 节　　　　编制:103 人(其中 13 名军官,90 名士兵)

马岛大战:“征服者”号征服“贝尔格拉诺将军”

核潜艇问世后受到各大国海军的重视与青睐,成为军事上举足轻重的威慑力量。不过,核潜艇到目前为止还很少参加战斗。核潜艇首次战例发生在马岛海战,这是英国和阿根廷争夺马岛所引起的第二次世界大战以后最大规模的海战。

马岛海战中,英国“征服者”号核潜艇用鱼雷在 15 分钟内击沉了阿根廷海军的“贝尔格拉诺将军”号巡洋舰,成为世界海军作战史上核动力潜艇击沉敌方水面战舰的首创者。

马岛,是马尔维纳斯群岛的简称。该群岛位于南大西洋,靠近南美大陆,由两个比较大的岛屿和 200 多个礁石岛组成。1592 年,法国和英国都曾经占领过马岛。1816 年 7 月 9 日,阿根廷独立,宣布马岛是它的第 24 个省。1829 年,英国告诉阿根廷,马岛是英国人发现的,应该归英国。接着,英国派军队占领了马岛。这样,两国为马岛的归属问题一直争吵不休。1982 年,阿根廷觉得指望英国自动交出马岛比登天还难。于是在这年 3 月 18 日,一些阿根廷人去岛上拆除一家鲸加工厂的旧机器,英国军队不让他们上岸。于是,阿根廷政府决心用武力来结束英国对马岛的统治。

1982 年 4 月 2 日,阿根廷军队登上马岛,插上了阿根廷的国旗。英国听到这个消息,立刻派了一个特遣舰队,穿越大西洋,开到马岛,对马岛进行全面的海上封锁。英国海军的这个特遣舰队都是用各种先进的导弹装备起来的现代化军舰,其中包括“无敌”号和“竞技神”号航空母舰,另外还有 4 艘核潜艇。这些核潜艇里有一艘叫“征服者”号,排水量有4900吨,全长有86.9米,宽有10.1米,水下的航行速度是30节。“征服者”号核潜艇上装着6具鱼雷发射管,可以携带26枚鱼雷。

4月19日,英国海军的核潜艇最先来到了马岛海域,作好了战斗准备。

面对气势汹汹的英国人,阿根廷人毫不示弱。4月29日,阿根廷宣布:阿根廷人不是好欺负的,只要英国舰船胆敢闯进马岛周围200海里的海域,阿根廷就对它进行坚决打击,绝不手软。同时,阿根廷海军的“贝尔格拉诺将军”号巡洋舰开始在马岛周围200海里海域进行巡逻。

“贝尔格拉诺将军”号是阿根廷海军的一艘导弹巡洋舰,阿根廷海军也只有这么一艘巡洋舰。它的排水量是13645吨,全长是185.4米,宽是21米,最高航行速度有32.5节,装着两座“海猫”式导弹发射架。不过,“贝尔格拉诺将军”号巡洋舰早在1939年的时候就开始使用了,它的主机特别陈旧,发动起来的声音“轰隆轰隆”特别大,很远的地方都能听见。所以,英国海军的“征服者”号核潜艇非常容易就发现了它。

5月1日,“征服者”号核潜艇艇长理查德·拉恩把跟踪“贝尔格拉诺将军”号巡洋舰的情况报告给了英国舰队司令伍德沃德海军少将。伍德沃德仔细一想,觉得现在要是把“贝尔格拉诺将军”号打沉了,就可以吓唬住阿根廷海军。于是,他赶紧打电报请英国政府同意击沉这艘巡洋舰。英国首相撒切尔夫人立刻签署了攻击“贝尔格拉诺将军”号巡洋舰的命令。

5月2日下午3点多钟,理查德·拉恩命令“征服者”号核潜艇开足马力,朝着“贝尔格拉诺将军”号猛扑了过去。

此时,“贝尔格拉诺将军”号巡洋舰正在马岛200海里之外的一个地方调转船头,准备朝阿根廷本土的方向航行。

下午4点,夜幕开始降临,寒风呼呼地刮着。阿根廷官兵心想:现在,我们正在朝着跟英国海军相反的方向行驶,离着他们越来越远了,不会发生什么情况。这么一来,阿根廷官兵放松了警惕,有的在战斗岗位上说笑,有的干脆到住舱里休息去了,好像天下太平了。

突然,“贝尔格拉诺将军”号巡洋舰的左主机舱下传来一阵猛烈的震动和巨大的爆炸声。顿时,主机不转了,警报失灵了,战舰上到处燃起了熊熊烈火,冒起了滚滚浓烟,阿根廷官兵们全都懵住了,不知道到底发生了什么事情。

原来,理查德·拉恩见“贝尔格拉诺将军”号要驶回阿根廷大陆,便加快了追击速度。当“征服者”号核潜艇追到离“贝尔格拉诺将军”号巡洋舰只有30千米的时候,理查德·拉恩立刻下令:“发射鱼雷!”一枚“虎鱼”式线导鱼雷蹿出“征服者”号核潜艇,直扑“贝尔格拉诺将军”号巡洋舰。

第一枚“虎鱼”式鱼雷非常准确地打中了“贝尔格拉诺将军”号,整个战舰立刻一片混乱。舰长邦佐还算清醒,赶紧叫官兵们投入战斗,抢救战舰。可是,工夫不大,“征服者”号发射了第二枚“虎鱼”式鱼雷,又准确地打中了“贝尔格拉诺将军”号。这下,“贝尔格拉诺将军”号舰体立刻涌进了汹涌的海水,逐渐倾斜下沉了。舰长邦佐一看,实在不行了,只好长叹一声,命令官兵们离开战舰。40分钟以后,“贝尔格拉诺将军”号导弹巡洋舰沉入海底。

“征服者”号核潜艇是世界海战史上第一艘直接参加战斗和击沉敌舰的核潜艇,充分显示出了核潜艇在现代海战中的巨大作用。马岛海战结束以后,各个国家看到了核潜艇的威力,更加重视发展核潜艇了。

冷战至尊
——“拉斐特”级核潜艇

三代核艇：“拉斐特”级下水

自从装载了“北极星”A1 潜射弹道导弹的“乔治·华盛顿”级核潜艇于 1959 年服役后，美海军一边加快射程更大的“北极星”序列各型导弹研制进度，一边加速携载平台的建造步伐。

第二代弹道导弹核潜艇——“伊桑·艾伦”级以超常速度投入连续建造，其第 5 艘尚未建成服役时，“拉斐特”级弹道导弹核潜艇的建造计划又提到了建造日程表上。“北极星”弹道导弹与装载它们的核潜艇处于齐头并进、平行发展的状态。

1960 年 9 月，美国防部决定在“北极星”A2 的基础上继续研制射程为 4600 千米的“北极星”A3 潜射弹道导弹，与此同时“拉斐特”级的设计工作也基本进入尾声。

1961 年 1 月 17 日美国海军第三代弹道导弹核潜艇“拉斐特”级首艇正式开工，其后短短 6 年，美国打造了它冷战时期最庞大的海军核威慑家族——31 艘“拉斐特”级弹道导弹核潜艇。

“拉斐特”级是美国海军继“乔治·华盛顿”级和“伊桑·艾伦”级之后的第三代核动力弹道导弹潜艇。与前两代相比，该级潜艇装备了射程更远的弹道导弹，改进了导弹发射指挥系统，使潜艇在海上能自己选择目标进行攻击，改善了艇员居住条件，改进了电子设备，使其小型化和自动化程度更高。

美国海军于 1961 年 1 月在美国通用动力公司电船分公司船厂开工建造“拉斐特”级核动力弹道导弹核潜艇。到 1965 年 3 月，该级艇共建造31艘,此后便未再建新艇。

家族庞大:世界最大规模的核潜艇家族

“拉斐特”级核潜艇性能参数

水上排水量:7250吨　　**最大潜深度**:300米

水下排水量:8250吨　　**动力装置**:1座SSW-II型压水堆、2台蒸汽轮机

艇长:129.5米　　**总功率**:2万马力

艇宽:10.1米　　**反应堆一次装料使用时间**:6年

吃水:9.6米　　**编制**:140人

航速:25~30节

“拉斐特”级外形与“伊桑·艾伦”级相似,但更长一些,全艇呈现十分光顺的流线型——拉长的水滴形,艇艏圆钝,艇体长大。

指挥台围壳靠近艇艏的位置,并装有围壳舵,内部布置了潜望镜、雷达、无线电天线以及通气管装置等。

上部建筑从艏部开始,在指挥台围壳后的艇体上形成“北极星”弹道导弹发射筒的导流罩,然后一直延伸到艇体艉部。为了降低水下航行阻力及在水下航行时的流体噪声,各种升降装置在指挥台围壳顶部的开孔均装设了可开闭式挡板。艇艉有呈十字形的垂直舵和水平舵,上垂直舵比下垂直舵要大,艉垂直稳定翼比较高,这也是为了加强在北极地区的活动能力。

艇体内部基本保持了“伊桑·艾伦”级的划分,共7个舱室,依次是艏鱼雷舱、指挥舱、导弹舱、第一辅机舱、反应堆舱、第二辅机舱及主机舱。导弹舱和第一辅机舱间仍然没有耐压隔壁。艏鱼雷

舱和第二辅机舱处采用双壳体结构，主压载水舱布置在艏鱼雷舱和第二辅机舱处的舷侧内外壳体之间。

艏鱼雷舱内布置有4具533毫米鱼雷发射管，可发射包括MK48在内的各型线导鱼雷。艏鱼雷舱的后部上层是艇员居住舱室区，该舱上部有一个逃生用舱口，因此该舱还兼做艏部应急逃生舱。该舱鱼雷装载甲板下是各种液舱。指挥舱内分为4层，上层为导航中心、全艇操纵中心及作战指挥中心等，第二层布置着艇员餐厅、军官会议室和导航控制中心等，第三层布置着士兵舱室、储藏室和盥洗室等，最下层是蓄电池舱。导弹舱内布置着16枚垂直状态的弹道导弹发射筒，该舱也分为4层，每层甲板相应高度上的导弹发射筒侧壁处均有检测孔以便艇员对潜射弹道导弹定期检查及对相关数据的采集，或随时更换故障部件。“拉斐特”级前8艘装备的是“北极星”A2，“北极星”A2最大射程2800千米，导弹滞空飞行时间16分24秒，携带一枚爆炸当量80万吨的热核弹头，圆概率误差927米。从第9艘起的23艘装备的是“北极星”A3，“北极星”A3最大射程4600千米，可携带3个爆炸当量为20万吨的集束式热核弹头，圆概率误差927米。

第一辅机舱内主要布置了用于全艇范围的空调装置，此外还有一个重28吨的陀螺减摇稳定器，作用是航行时消除艇体的摇摆，使弹道导弹发射时有一个稳定的发射平台。这使得“拉斐特”级可在任何海况和气象条件下一接到命令即可进行弹道导弹的发射。

反应堆舱内布置一座SSW-II型反应堆。反应堆下部包覆有屏蔽的反应堆压力容器，上部是屏蔽走廊。反应堆功率为20000马力。该级艇装备了3种推进装置，第一种是主推进装置，它是二级减速齿轮汽轮机组，通过减速齿轮带动直径约4.27米的7叶螺旋桨。利用主推进装置可进行水下高速航行，最高航速可达25节。第二种推进装置是一台辅助推进电机，它驱动一个可以旋转360°

的小型螺旋桨。在不使用时这个小螺旋桨收在艇内,主要在主机发生故障或进出港口、停靠码头以及低速航行时使用,低速航行时最高航速4节。第三种推进装置是应急推进装置,这是一台舷侧电机,带动主轴并驱动螺旋桨。

该级艇最初8艘装备"北极星"A2型导弹,后23艘装备"北极星"A3型导弹。A3型导弹长9.66米,最大直径1.37米,重14.3吨,射程2500海里。为了使该级艇具有更大的威慑力,美国海军从1967年开始,逐渐为该级艇换装"海神"导弹。首批改装艇于1970年完成水下发射试验,其余艇于1978年全部换装完毕。"海神"导弹的射程与"北极星"A3型导弹相同,也是2500海里,但"海神"导弹装有10~14个分导式弹头,威慑力要比"北极星"导弹大得多。

由于装备导弹的形式、艇体外形和主推进装置等有所不同,因此该级艇又可分为SSBN-616型、SSBN-617型、SSBN-619型、SSBN-620型、SSBN-622型、SSBN-640型和SSBN-655型等几类。先造的SSBN-616型、SSBN-617型艇上采用两级减速汽轮机推进装置。这种主机在高速运转时会发出较大的噪音,破坏了潜艇的隐蔽性和自身的探测能力,也严重地影响了艇员的身心健康,降低了战斗力。所以,自1963年的SSBN-640型以后,各潜艇安装了比较安静的主机,对减速装置、汽轮机座等也采取了大量的降噪措施。

一箭多雕:"海神"导弹可同时攻击14个目标

"拉斐特"级核潜艇下水后,所装备的弹道导弹以及导弹发射指挥装置等都有所不同。该级艇前8艘装备的是16枚射程2700千米的"北极星A-2"导弹,后23艘装备的是射程为4500千米的"北极星A-3"导弹。

后来由于反弹道导弹武器的出现，美国海军决定将“拉斐特”级潜艇全部改为装备“海神 C－3”多弹头分导重返大气层弹道导弹。这种导弹的综合破坏力约为“北极星 A－3”的25倍，射程增至4600～5600千米，且有14个4万吨TNT当量的分导弹头，增强了导弹穿越敌方陆基导弹防御区的能力，并能同时攻击多个目标。这次改装工程历时8年，耗资33亿美元。1978～1982年，美国海军又将该级艇的12艘改装为“三叉戟Ⅰ型”弹道导弹。该导弹射程进一步增至7400千米，且有8个10万吨TNT当量的分导弹头。

“拉斐特”级潜艇除装备16枚弹道导弹外，还携载12枚鱼雷用于自卫，它们由位于艇艏的4具533毫米鱼雷发射管发射。鱼雷可以是老式的MK37或MK45型线导反潜鱼雷，也可以是新式的MK48型线导反潜鱼雷。

“拉斐特”级装备了对水中目标进行定位并为鱼雷发射指挥提供水中目标坐标数据的AN/BQS－4B主动声呐和对水中目标进行探测警戒的AN/BQR－2被动声呐。此外还装备了用于警戒和搜索跟踪的AN/BQR－7被动声呐、采用数字式多波束操纵技术并能同时跟踪5个目标的BQR－21被动探测声呐、用于警戒和探测水面舰艇的BQR－19声呐、BQR－15拖曳声呐及可为水声对抗提供参数的WLR－8声呐等水声装置。

导航系统主要是2套MK2型惯性导航系统，一台包括接收天线、无线电接收机和数字式数据处理机的AN/BRN－3B型卫星导航接收装置。一套包括“奥米伽”远程导航装置以及“雷迪斯特”高精度近程导航装置，此外还有WSC－3型卫星通信系统等。

美国海军自1961年至1967年间建造了31艘“拉斐特”级弹道导弹核潜艇，连续建造31艘相同型号的弹道导弹核潜艇，在世界各国海军中也只有苏联的34艘Y级和43艘D级能与之媲美。

31 艘“拉斐特”级、5 艘“乔治·华盛顿”级和 5 艘“伊桑·艾伦”级核潜艇使美国海军在 1967 年时拥有 41 艘弹道导弹核潜艇,携带 656 枚核弹头。这 41 艘战略核潜艇被分别部署在 4 个战略核潜艇中队。其中第 14 潜艇中队部署 12 艘,第 15 潜艇中队部署 7 艘,第 16 潜艇中队部署 11 艘,第 18 潜艇中队部署 9 艘。从 1967 年开始,41 艘携带“北极星”弹道导弹的核潜艇在世界各大海域开始了不间断的作战巡逻活动,形成了当时世界上规模最大的水下核威慑力量。

“拉斐特”级核动力弹道导弹潜艇自 20 世纪 60 年代后期以后,一直是美国战略核潜艇部队的主力。目前,“拉斐特”级所有潜艇都已退出现役。

当代“核潜之王”
——“俄亥俄”级弹道导弹核潜艇

王者归来:潜艇中的巨无霸

“俄亥俄”级核潜艇是当今世界上威力最大的核潜艇,它是美国第四代弹道导弹核潜艇,被誉为“当代潜艇之王”。由于艇上装备“三叉戟”弹道导弹,故又称“三叉戟”导弹核潜艇。

美国研制“三叉戟”核潜艇始于 20 世纪 60 年代。由于苏联海军的崛起,反潜兵力的增强,直接威胁到当时在役的“海神”导弹核潜艇的生存。而且,据美国分析,这种威胁到 80 年代将会更加严重。主要原因是“海神”导弹射程只有 4600 千米,必须到靠近欧亚大陆海域才能攻击苏联,这当然不如在美国海域附近进行攻击安全,为此需要发展水下远程弹道导弹。

1967年,美海军成立了“海军战略进攻和防御系统办公室”,负责制订战略力量的发展与研究计划。该计划的目标是为“海神”导弹增加第三级火箭,射程增至8300～9300千米,装备它的核潜艇可在美国海域附近打击世界上任何战略目标,从而形成水下远程导弹系统计划(ULMS),其于1971年9月14日获得批准。1972年初,ULMS－I型导弹命名为“三叉戟”－I型(C4)导弹,ULMS计划随之被称为“三叉戟”计划。

“三叉戟”计划的成功使得“三叉戟”导弹的射程较以往大幅度增加,可在本国海域攻击世界上任何目标,这意味着“俄亥俄”级潜艇只需部署在美国,即对敌人目标具有极大的威胁性。战争初期可隐蔽在海洋深处,战争后期可以后发制人,进行第二次核打击或核报复攻击。因此,可成为决定战争胜负的重要兵力。最初8艘“俄亥俄”级潜艇皆部署于缅因州的班哥外海,其余则部署于佐治亚州的金斯湾。这意味着“俄亥俄”级主要任务区域仅须在美国拥有控制权的海域即可,因而占了很大的优势。

“俄亥俄”级潜艇的任务行程表是先以一组乘员执行为期70天的巡逻任务,之后有25天进行整修保养,整修完毕再由另一批乘员登艇执行任务。每九年进行一次为期一年的大整修,同时进行核能燃料棒的更换,每艘船的保险率高达60%。

“俄亥俄”级核潜艇的全部活动,一定会受到反潜兵力的严密监视。因此,它的生命力至关重要。一般潜艇的生命力主要取决于抗沉性,而该级潜艇的生命力则由其隐身性、先敌发现目标的能力和自卫攻击能力来保证。由于导弹射程远,艇的战斗巡逻海域辽阔广大,可以靠近本国海域活动,或在避开敌方反潜兵力的区域活动,因此十分安全。

“俄亥俄”级弹道导弹核潜艇是美国“三位一体”战略核兵力的中坚力量,其主要使命是用“三叉戟”导弹袭击敌方的大城市、政治经济中心、兵力集结地、港口、飞机场、人口稠密区及大片国土等软目标;也可以袭击敌方的陆地导弹发射井等重要战略硬目标。一艘"俄亥俄"级核潜艇上携带的24枚导弹,3365枚分弹头可以在半小时内摧毁对方200~3005个大中型城市或重要的战略目标。

该级艇共建造了18艘(SSBN726-743),首艇"俄亥俄"号1981年11月服役,最后一艘艇"路易斯安那"号于1997年9月服役,目前全部在役。

当代第一:各项数据堪称一流

"俄亥俄"级核潜艇性能参数

水上排水量:16600吨

水下排水量:18750吨

艇长:170.7米

艇宽:12.8米

吃水:11.1米

水上航速:20节

水下航速:25节

续航力:1000000海里

下潜深度:400米

动力装置:1台S8G自然循环压水堆装置2台蒸汽轮机齿轮减速装置

声呐:AN/BQQ-6被动搜索综合声呐系统
BQS-13球形阵
BQS-15主/被动近程探测高频声呐
TB23细缆型拖曳线列阵
BQR-19主动高频导航声呐

导航:2套导航系统和静电陀螺监控器
AN/WRN-5卫星导航接收机
AN/BRN-5"劳兰"C接收机

雷达:BPS-15AI/J波段对海搜索、导航火控雷达

通信:AN/WIC综合通信系统
WSC-3卫星通信系统

火控系统:MK98-O型导弹火控系统
MK118-O型鱼雷火控系统

作战数据系统:CCSMK2-3型作战数据

单轴,1个7叶螺旋桨

导弹发射筒:24具

弹道导弹:24枚“三叉戟”I型、II型导弹

鱼雷装载量:12枚

系统UYK43/44计算机

电子支援措施:WLR-8(V)5侦察措施

WLR-10雷达告警措施

编制:155(军官15名)

鱼雷发射管:艏部4具533毫米

鱼雷:MK48鱼雷

“俄亥俄”级弹道导弹核潜艇被誉为“当代潜艇之王”。就整体性能而言,它是当今世界上最先进的战略核潜艇。

该级艇外形近似于水滴形,长宽比为7.45。艇体大部分是单壳体结构,占艇体总长的60%。耐压艇体分为四大舱:指挥舱、导弹舱、反应堆舱和主辅机舱。其中导弹舱位于艇部指挥台围壳后面,有24个导弹发射筒。由于每个分舱都很大,因而不沉性已显得不重要,其生命力主要取决于隐蔽性和先敌发现目标的能力。

该级艇采用了最先进的隐身措施,主要是声隐身,采取一系列措施降低噪声。如采用S8G自然循环压水堆,在中低速航行时可以不使用主循环泵,在机舱内采用浮筏减震,在艇体外表面装设消声瓦,因此辐射噪声很低。此外,采取了消除红外特性、消磁,以及减少废物排放等隐身措施。艇的下潜深度400米,在海洋垂直深度上增大了活动范围,隐蔽性好。

“俄亥俄”级装备了高性能的观通设备,使艇能在高海情和高噪声环境的海域活动,使敌方反潜探测复杂化,不易被敌发现。为了提高先敌发现目标的能力,该级艇装备了AN/BQQ-6综合声呐系统,包括8部声呐,并采用先进计算机自动进行低频线状功率频谱检测和目标识别与分类。采用拖曳线列阵声呐,以被动方式探测敌方攻击型核潜艇,提高远程预警能力,能够尽早规避或机动。

“俄亥俄”级装备了先进的惯导系统和静电陀螺监控器,大大

延长了惯导外部重调间隔时间,减少潜艇上浮次数,确保潜艇安全航行。由于惯导系统精度的提高,为"三叉戟"核潜艇准确发射导弹提供了保证。由于装备了导航星全球定位系统接收机,可对惯导系统的位置和速度输出进行校正,保证该艇有效地完成作战使命。

该级艇各大系统和设备安全可靠性好,有效利用率高。平时,艇在海上巡逻70天后,维修保养25天。S8G反应堆堆芯寿命15年,在艇的全寿期内只需更换一次核燃料,艇的在航率高达65%~70%,续航力达10万海里以上。

为了提高艇的自持力,美国海军十分重视改善居住性,增强艇员耐久巡航能力。每艇配备两套艇员,轮流休整与培训,有利于提高艇的战斗力和提高艇员的素质。

装备C4导弹的"俄亥俄"级配属太平洋舰队,以华盛顿州的班戈为基地;装备D5导弹的"俄亥俄"级配属大西洋舰队,以佐治亚州的国王湾为基地。"俄亥俄"级在海上巡逻70天后便要返回基地进行必要的补给和检修,25天之后再回到海上。这种安排,使潜艇的出海时间占全服役期的66%。

火力了得:相当于一个航母战斗群

2008~2009年,美国海军已经完成四艘"俄亥俄"级弹道导弹战略核潜艇的改装工作。其中"俄亥俄"号已经于2009年开赴太平洋,作为巡航导弹核潜艇开始在太平洋海域执行首次部署任务。完成改装之后,每艘核潜艇可以搭载154枚"战斧"巡航导弹。

美国海军共建造了18艘"俄亥俄"级弹道导弹战略核潜艇。该级核潜艇艇身巨大、造价昂贵、打击能力惊人。其中前8艘"俄亥俄"级核潜艇携带"三叉戟I"型潜射弹道导弹,后10艘装备"三叉戟Ⅱ”型导弹,后来配备“三叉戟Ⅰ”型导弹的潜艇也已全部换装成“三叉戟Ⅱ”型导弹。每艘“俄亥俄”级核潜艇拥有24个垂直导弹发射管,可发射24枚“三叉戟Ⅱ”型导弹。该型导弹的最大射程在12000千米以上,命中精度90米,每枚导弹最多可携载12颗核弹头。后来根据美俄间的协议,改为限载8颗,当量约为15万吨TNT,其威力足以摧毁一座大城市。

根据美俄达成的削减进攻性战略武器条约,从2002年起,美国战略导弹潜艇的数量被限制在14艘。由于美国海军并不准备让其中的4艘“俄亥俄”级核潜艇退出现役,因此决定对它们进行巡航导弹攻击和特种作战能力改装,将它们改装成特种作战的平台。四艘实施巡航导弹攻击和特种作战能力改装的“俄亥俄”级核潜艇分别是:“俄亥俄”号、“密执安”号、“佛罗里达”号以及“佐治亚”号。完成改装之后,这四艘核潜艇仍将拥有至少20年的服役寿命。

这四艘弹道导弹战略核潜艇,均被改装成装备“战斧”常规巡航导弹的核动力巡航导弹攻击潜艇(SSGN)。SSGN改装计划使这四艘核潜艇具备了使用“战斧”巡航导弹的常规打击能力以及特种部队作战(SOF)能力。四艘核潜艇的改装工程共花费近40亿美元。根据改装计划,潜艇上原有的24个“三叉戟”导弹发射管将被拆下,代之以22套“多发导弹发射组合”,每套组合可以容纳7枚“战斧”巡航导弹。这样,每艘核潜艇经过改装之后,均能够携载154枚“战斧”巡航导弹。另外两个“三叉戟”导弹发射管则被替换成一个被称为“高级‘海豹’突击队员输送系统(ASDS)”的袖珍潜艇以及一个配备有“海豹”突击队员运载工具的船坞掩体。每艘改装后的核潜艇共可装载66名“海豹”突击队员或者特种作战人员,而袖珍潜艇可以一次运送9名海军陆战队“海豹小队”的突击队员,执行侦察、渗透、偷袭、解救人质等行动。

美国单航母战斗群通常包括1艘航空母舰,2~3艘巡洋舰、3

~4 艘驱逐舰、1 ~2 艘攻击核潜艇、1 艘快速补给舰，整个舰队携带 90 ~100 枚战斧巡航导弹，在开战后的第一波攻击时通常发射半数导弹进行攻击，以 7 枚导弹攻击一个诸如电厂、指挥中心这样的目标。以此计算，整个航母群在第一波攻击中可摧毁 5 ~9 个目标。

改装后的“俄亥俄”级巡航导弹和潜艇可携带 154 枚战斧巡航导弹，在同等情况下可摧毁大约 10 个目标，其攻击力已经超越了美军的单航母战斗群。而且核潜艇行动隐蔽，可以在战前就潜入发射阵位，从而对敌军发起突然攻击，这样就能给敌军造成更大的损失。

改装之后的四艘核动力巡航导弹核潜艇可以在任何气候条件下，以每天 1200 千米的速度驶往全球任何热点区域，除了搭载 154 枚“战斧”巡航导弹以及 66 名“海豹”突击队员之外，还可以携载多种电子传感器以及其他情报搜集装备。

红海猛兽
——“台风”级弹道导弹核潜艇

“台风”起兮云飞扬

说起“台风”级弹道导弹核潜艇，想必是无人不知，无人不晓。它是苏联最大的弹道导弹潜艇，也是目前为止世界上人类建造的最大的潜艇。“台风”级弹道导弹核潜艇由制造了“基洛”级常规潜艇的红宝石设计局设计完成。

“台风”级的总设计师曾说过这样的话：“你和我都生活在一个不完美的世界，而且还将要继续生活在这个世界中。”当时美国生产了“俄亥俄”级核动力战略潜艇，为达到超越“俄亥俄”级核潜艇的目的,苏联必须研制出更强的潜艇。这也就是"台风"级研制的原因。所以,"台风"级是典型的冷战产物,目的就是为了达到"相互保证毁灭"。

与它的对手,美国"俄亥俄"级相比,体积几乎是"俄亥俄"级的两倍。其装备20个导弹发射管装载SS－N－20弹道导弹。其射程达到8300千米,可以让"台风"级打击到与它同处一个半球的任何一个目标。"台风"级核潜艇是目前世界最大体积和吨位的潜艇纪录保持者。

"台风"级第一艘在1977年开始动工,1980年9月下水,于1982年开始服役,居然比其前级"德尔塔IV"级还要早服役("德尔塔Ⅳ"级于1985年开始服役)。

"台风"级建造计划已在1989年全部完成,共六艘同级舰。当时苏联曾准备大量建造"台风"级,但因为经济问题放弃了原设想。现在俄罗斯海军也由于经费等问题,使得其中三艘退役,而其余三艘也只能保证一艘在临战状态。面对美国多艘"俄亥俄"级核潜艇,俄罗斯海军现在已经没有能够对等的武器了,但俄罗斯并没有放弃弹道导弹潜艇的研发。

"台风"级战略核潜艇

结构坚固:没有龟背的海龙王

从外观上看,“台风”大得无与伦比,它共有 19 个舱室,从横剖面看,呈“品”字形布设,并且在主耐压艇体、耐压中央舱段和鱼雷舱使用钛合金材料,其余部分都用消磁高强度钢材。这确保了即使是北极的 2~3 米厚度的冰也能被轻易破开。

“台风”级弹道导弹核潜艇性能参数

水上排水量:23200 吨

水下排水量:48000 吨

艇长:172.8 米

艇宽:23.3 米

吃水:11 米

水上航速:12 节

水下航速:25 节

续航力:尚未公开

自持力:120 天

最大下潜深度:400 米

引擎类别:核动力推进

引擎:2 座 OK-650 型压水反应堆
总功率 380 兆瓦齿轮传动式
汽轮主机组,2×50000 马力
4 台自主式透平发电机,4×3200
千瓦双轴双桨

武器装备:SS-N-20 弹道导弹 20 枚
533 毫米鱼雷发射管 2 具
650 毫米鱼雷发射管 4 具
SS-N-15 反舰导弹
SS-N-16 导弹
65-73/65-76 型鱼雷

编制:160 人

“台风”级的主武器是 P-39(北约代号 SS-N-20)弹道导弹,在自卫武器上,装备了 533 毫米鱼雷管和 650 毫米鱼雷管。可发射常规鱼雷、“瀑布”高速鱼雷、“风暴”空泡鱼雷,由 533 毫米鱼雷发射管发射。同时还装备了“日炎”(SS-N-22)掠海反舰导弹、SS-N-16 反舰导弹,可由 650 毫米鱼雷发射管发射。且俄方还为"台风"级和以后的"北风之神"级研制并装备了潜射防空导弹,可由鱼雷管发射。总体来说,"台风"级足以对抗一般的攻击型潜艇和水面反潜舰只。

P－39(SS－N－20)导弹是专供"台风"级核潜艇使用的弹道导弹。它采用固体燃料,三级推进式潜射洲际弹道导弹。首批P－39导弹于1983年交付海军,也就是说TK－208服役前期和TK－202试航期中,潜艇的弹道导弹是缺装的。

弹道导弹发射筒布置在指挥台围壳的前方,这样减轻了发射导弹时与轮机一起产生的震动程度,从而提高安静程度和发射间隔。耐压艇体部分则用"德尔塔IV"级的消声瓦,非耐压部分使用一种特制的橡胶水声消音瓦,从而能让这个庞然大物在水下遁形。"台风"级的工噪是苏联弹道导弹潜艇中最低的,稍逊于只有它体积一半的"俄亥俄"级。

"台风"级可以同时齐射两发P－39(SS－N－20)导弹,这是世界上其他任何级别的弹道导弹潜艇都无法做到的。该级与其他苏联弹道导弹潜艇相比最特殊的设计是使用非典型双壳体,即非全艇使用双壳体结构。在导弹发射筒部分采用了单壳体,也就是将导弹发射筒夹在双壳耐压艇体之间。这样避免了出现"龟背"(指导弹发射筒高高隆起于甲板,"台风"级是所有苏俄弹道导弹潜艇中唯一没有"龟背"的级别)产生的航行时噪音和阻力,以及由于在双壳体上开导弹发射孔而在开孔处周围用高强度耐压材料加强强度而带来的更大的建造费用。"台风"级为水兵提供了一个每人平均约3平方米的"休息空间","台风"级是少数在设计时就考虑到空调设备的苏联潜艇,据说艇上还有游泳池和健身房。

"台风"虽强却难以重用

众所周知,"台风"级的排水量和艇宽度几乎是"俄亥俄"级的两倍,但美国“俄亥俄”级却能携带“三叉戟”导弹24枚,而“台风”级却只能携带20枚。导弹数量上“俄亥俄”级仍占优势。但实际上由于“三叉戟”Ⅱ型导弹每发携带8个弹头,P-39导弹每发却能带10个弹头。这样24×8=192个,而“台风”级却是20×10=200个。而在核爆当量都大约是0.1兆吨TNT(100000吨)的情况下,“台风”级在单舰破坏力上处于上风。而P-39与以往苏联导弹相比的最大进步就是与“三叉戟”都使用的是三级推进,固体燃料。这样在发射准备和射程上没有任何差距。而由于“台风”级连射时可以齐射两枚导弹,发射全部导弹耗费时间短,因此,在武力方面“台风”级无疑占有优势。

不过,由于苏联的固体燃料弹道导弹技术并没有美国成熟,所以P-39导弹与三叉戟型导弹还存在着很多差距。首先发射重量P-39为90吨,而三叉戟II型仅为不到60吨,这样造成了发射后坐力增大等问题。其次在精度上,P-39装备“星光”天文制导系统之后的圆概率误差为500~600米,而三叉戟II型仅为380~420米。虽然P-39的维护费用和制造费用不及“三叉戟”型导弹,但对于资金紧张的苏联(俄罗斯)海军来说也是一笔不小的费用。

在导航设备上,“台风”级使用了“鲍托尔-941”综合导航系统、“公共马车”型指挥系统、“闪电-MC”型通信系统、“暴风雪”型雷达系统和用于观察艇外状况的“MTK-110”型电视系统。其中“鲍托尔-941”型综合导航系统是专门为“台风”级设计的,这一系列中包括了“德尔塔Ⅳ”级中使用的“交响乐”卫星导航系统。

在科拉半岛上,苏联建立了一个超低频无线电站。这座无线电站发射的超低频波能够穿透到水下200~300米,并且信号基本上能够覆盖全球。这个无线电站可用于为潜艇下达命令,而最主要的也是为弹道导弹潜艇下达命令。“台风”级是首先装备超低频接收器的潜艇。此后“德尔塔Ⅲ”和“德尔塔Ⅳ”才加装上接收器。而为了保证战时“台风”级核潜艇能够收到信号,苏联准备了至少

16 个通讯信道，分别是：1 个超低频信道、5 个超长波信道、5 个短波信道、5 个卫星通信信道。苏联的 5 个长波台分别在俄罗斯境内的下新城、克拉斯诺达尔斯克和哈巴罗夫斯克；还有在白俄罗斯 1 座，乌兹别克斯坦 1 座。尽管超长波电台能够将信号传播很远，但在南半球、大西洋西部（美国的东海岸海区）和太平洋东部（美国的西海岸地区）的信号可能会接收不到。一旦战时超长波台被摧毁，苏联还可以用空中值班的通信飞机提供长波信道。

“台风”级由于艇身过大，造成其肯定比“德尔塔 IV”级或美国“俄亥俄”级更容易被发现。而且“台风”级的维护费用也要比“俄亥俄”级高，这也注定了经济不如美国的苏联是不可能大量生产并维护这种潜艇的。

2004 年，媒体报道称俄罗斯将彻底拆除 6 艘中的 3 艘“台风”级核潜艇（重新起用 TK－208，拆除 1 艘现役艇和 2 艘退役艇），仅保留用于战备的一艘“台风”级，并修复一艘“台风”级（TK－208，“台风”级的首艇）用作弹道导弹的发射试验平台。TK－208 号于 1981 年开始服役，在 1983 年就被列为预备役，但到 1990 年“大修”时，因为经济问题而将原计划 1 年的大修拖延了近 11 年。直到 2000 年，俄罗斯海军获得相关经费后才得以在 2001 年中旬完成大修并改装用于试射新式弹道导弹（布拉瓦型导弹，用于“北风之神”级装备的新型弹道导弹）。而 TK－17 和 TK－20 虽然参与了 2004 年俄罗斯海军的“安全 2004”演习，但都未发射导弹。P－39 型（SS－N－20）导弹已经停产，“台风”级”2010 年全部退役。

战事回响

冷战大潜战:美“全核潜艇”VS 俄“核常并重”

潜艇以其神秘的攻击力,被誉为“海上杀手”。美、俄两国作为当今世界头号海军强国,均投入了大量人力、物力以保持在该领域的优势。

环视当今大洋,美国主要发展核潜艇,俄罗斯主要发展常规潜艇,为什么两个军事大国会出现这种泾渭分明、分道扬镳的情况呢?有专家认为:美俄潜艇的发展与其海军战略有着非常密切的关系。

美国海军在核潜艇问世不久就毅然放弃常规潜艇,原因在于核潜艇与常规潜艇相比,前者在技术和战术层面上的优势不言而喻。比如,核潜艇的水下续航时间和距离几乎不受动力方面的限制;水下排水量可以成倍增加,为潜艇提供更大的战术空间。

二战后,美国不仅推行全球军事战略,还对军事力量进行前沿部署,为此,美国海军集中力量建设大洋海军,把战略进攻线从本土沿海推进到深海大洋。基于这样的战略需要,排水量小、航速低、续航力差的常规潜艇显然不能满足其战略要求。

在美国核潜艇首艇下水不久,苏联海军就奋起直追,建造了一系列性能优良的核潜艇。冷战时期,装备上百枚核弹头的苏联弹道导弹核潜艇一直是美国的心腹之患,对此,常规潜艇根本奈何不了。为此,美国采取“以核制核”的对策,更加大力发展核潜艇。

而苏联海军始终采取了"核常并重"的潜艇发展之路，其常规潜艇的发展级别和建造数量均居世界前列。

现今的俄罗斯更是大力发展常规潜艇，这主要基于俄罗斯濒临北冰洋、太平洋、波罗的海等13个海域，海岸线漫长，海军不仅需要有强大的远洋作战能力，而且要有较强的近海防御能力，特别是本国近海反潜，需要有投资相对低廉的大量常规动力潜艇。此外，俄罗斯认为常规潜艇在执行海区封锁、破交及远海作战，例如反航母方面仍然是一种有效的海军装备。因而俄罗斯一直坚持发展高性能常规潜艇，并且拥有全世界最先进的常规潜艇技术。

除装备本国海军外，俄罗斯大量发展常规潜艇的另一个动因是军品贸易。长期以来，俄罗斯向第三世界国家销售了大批F级、K级、W级等常规潜艇，总量超过80艘，是世界上少数常规潜艇出口国之一。由此观之，武器装备究竟向何处发展，关键要看面临何种军事形势以及其采取何种军事战略。

解密美苏潜艇相撞事件

冷战时期，美国为了监视苏联，曾派潜艇长期潜伏于苏联东部的太平洋。当年参与潜伏的艇员杜恩曾在美国《卡萨格兰德峡谷报》披露，1970年，美军秘密潜伏的核潜艇突然与苏联核潜艇意外相撞。

二战结束后，美国为了监视苏联，下令海军派出潜艇长期潜伏在苏联东大门外。一旦需要，美军潜艇随时可以向苏联发动突然袭击。经过仔细侦察，美军发现苏联在其东部勘察加半岛的彼得罗巴甫洛夫斯克设立了大型海军基地，经常有潜艇出没。美国海军太平洋舰队认为，如果苏联对美国有重大军事行动，彼得罗巴甫洛夫斯克必出现异常。因此,太平洋舰队应派潜艇在彼得罗巴甫洛夫斯克沿海不远处潜伏监视。杜恩透露说,起初,美国海军潜伏的是常规潜艇。20 世纪 50 年代中期,美国海军研制成功世界上第一艘核潜艇。太平洋舰队开始派核潜艇在苏联东大门外进行长年累月的秘密活动。

杜恩是在20 世纪50 年代中期进入海军服役的。1958 年,21 岁的他开始进行秘密潜伏任务培训。杜恩回忆说,特训十分辛苦。由于潜艇长期潜伏在敌人眼皮底下,艇员各方面,包括身体和心理几大方面的素质要求很高,在训练期间,必须通过心理测试、压力测试和从大约30 米深的潜水塔"吹泡"上浮求生等高难度科目。潜伏潜艇随时可能出现意外。如果潜艇下潜太深,巨大的海水压力很可能使潜艇发生爆炸。

杜恩执行跟踪任务所在的第一艘潜艇是常规动力的快速攻击型"虾虎鱼"号。该艇执行任务期间,每名艇员不仅要熟练掌握自己的工作流程,还要熟悉其他艇员的工作,只有这样,才能成为一名合格艇员。艇员们知道,一旦潜艇出事,反应时间很可能只有几秒。那时,"全能"艇员甚至可以拯救整个潜艇。为此,杜恩花了半年多时间,才初步了解其他艇员的工作特性。

他回忆说,"虾虎鱼"潜艇在彼得罗巴甫洛夫斯克沿海跟踪苏军潜艇时,曾使用地图和"罗兰"导航系统。其中,"罗兰"导航系统可以根据沿岸 3 个以上苏军低频无线电发射机发射信号的间隔,把苏军水下潜艇的具体位置精确测到 16 ~ 26 千米范围内。

杜恩透露说,美苏虽然处于冷战阶段,然而,每当美军潜艇跟踪苏军潜艇,大家心里并不把苏军潜艇艇员看做敌人,而是看做不得不执行任务的"兄弟艇员"。

杜恩在参加西北太平洋秘密行动中,还曾乘坐另外两艘常规潜艇和两艘核动力攻击型潜艇。其中,1969 年 12 月,他调到新部署太平洋舰队的核潜艇"隆头鱼"号执行秘密监视任务。

杜恩回忆说,该艇可在大约300米深的水下以25节的速度行驶,每次水下执行任务可达数月。他是“隆头鱼”核潜艇的导航员,使用极为先进的卫星跟踪系统探测和监视苏军潜艇在西北太平洋的秘密活动。然而,该艇长期潜伏水下,淡水十分缺乏,不得不从海水中提取淡水,甚至用海水制造氧气。该艇内部到处是作战系统,显得十分拥挤。“隆头鱼”核潜艇床铺不够,有时一名艇员值班观察,另一名艇员就在其床铺休息。

1970年6月23日,“隆头鱼”刚在苏联东大门外水下执行秘密任务两周,就在彼得罗巴甫洛夫斯克西部大约22千米海域水下发现苏军“回声-2”级新型巡航导弹核潜艇。苏军第一艘“回声-2”级核潜艇于1962年开始建造,水下排水量为6000吨,可在20分钟内发射8枚巡航导弹打击美军航母作战群。当时,那艘新建的“回声-2”级核潜艇正在水下试航,做着前后行驶、急转弯和下潜等动作。“隆头鱼”紧跟其后,监视其一举一动。

“隆头鱼”整整跟踪了一天,终于出事了。6月24日下午2时许,“隆头鱼”声呐兵突然发现“回声-2”核潜艇失踪了。那时,杜恩刚完成观察任务,躺在床上休息。突然,外面传来剧烈的金属撞击声,他被一股神秘力量扔到了床铺的角落里,杜恩立即跑到控制室。报告很快出来:苏联核潜艇撞上了“隆头鱼”瞭望塔,撞裂了“隆头鱼”顶部舱盖,海水涌进了瞭望塔通道。艇长知道,如果“隆头鱼”继续待在那儿就有可能沉没,也可能被迫浮出海面。他急忙下令“隆头鱼”下潜到水下大约300米深的地方掉头南撤。

“隆头鱼”行驶数天后,终于抵达太平洋舰队总部——夏威夷珍珠港。“隆头鱼”虽然晚上9时许抵达,但直到次日凌晨1时才被允许上浮水面。原来,太平洋舰队不想让人发现这艘核潜艇受到损害,不想暴露其绝密行动。“隆头鱼”上浮水面时,艇员们发现了苏军核潜艇螺旋桨撞入瞭望塔的碎片。

美军太平洋舰队特地派出两艘驱逐舰护在“隆头鱼”两旁，以免引起苏军间谍卫星等侦察系统的注意。同时，“隆头鱼”损坏的瞭望塔也包上了防水油布。美国海军情报官对艇员们统一口径说“隆头鱼”撞上了冰山！要求该艇所有艇员对此次相撞事件不得对外透露任何风声。3 周后，瞭望塔修好。“隆头鱼”又驶回苏联东大门外，似乎什么也没发生过，继续对苏联潜艇活动进行监视和跟踪。

据“隆头鱼”声呐兵说，根据探测到的声音，苏联核潜艇相撞后很可能下沉解体。杜恩担心苏军核潜艇 130 名艇员很可能一同葬身海底，恐惧袭上心头。2006 年夏，访问俄罗斯的杜恩终于知道，当年苏联核潜艇受伤后曾下沉，但艇长下令采取紧急措施上浮，避免了悲剧的发生。

第四章　当代潜艇发展纪实

常规潜艇迎来新的春天

冷战过后，世界各国绷紧的神经开始放松下来，开始对潜艇进行更加深入的研究，由于以前常规动力的潜艇大部分都是用柴油做动力，但柴电潜艇的缺点也很明显：一次水下续航时间短，通气管暴露率特别高。针对柴电潜艇的种种弊端，人们发明了不依赖空气动力装置（AIP）的混合型柴电潜艇。

AIP 系统也称为“不依赖空气推进系统”，它使常规潜艇首次部分具备了如同核潜艇那样的长时间潜航能力，是常规潜艇发展史上的一次“动力革命”。

AIP 系统根据工作原理不同分为热气机、闭式循环柴油机、燃料电池、闭式循环汽轮机等，其中热气机系统和燃料电池系统已经投入使用。

热气机 AIP 系统又称斯特林系统。1996 年，瑞典海军安装热气机 AIP 系统的“哥特兰”级潜艇首艇服役，开创了潜艇发展史上的新纪元。

燃料电池系统是另一种发展较为成熟的 AIP 系统。该系统的特点是装置中无转动机械部件，因而没有噪音辐射；无机械能和电能辐射，电能转换效率高达 70%；能量转换温度低，工作环境较安全。德国是最早研究燃料电池的国家之一，水平处于世界领先地位，1987 年采用燃料电池改装了一艘 205 级潜艇并成功进行了海试。

美国海军是世界上率先在研制了核潜艇之后放弃常规潜艇研制的，然而，美国海军中的一些高级官员，在面临浅水海域行动碰到的挑战时，依然在深深地思考，美国海军究竟要不要发展新型常规动力潜艇。当前，不同种类的 AIP 技术正在为常规潜艇增强新的活力，为其提供了更为广阔的用武之地。2009 年，瑞典与美国签订了一份协议，根据这份协议，美国从瑞典租借"哥特兰"级潜艇，租借期为 12 个月，"哥特兰"级潜艇与美国海军共同进行内容广泛的训练。除此之外，瑞典政府还派遣"哥特兰"级潜艇参加与加拿大海军"维多利亚"级潜艇以及澳大利亚海军"科林斯"级潜艇举行的联合演习。

装备了"斯特林"发动机的"哥特兰"级潜艇，可以在水下状态以 5 节的速度连续航行两个星期。"斯特林"发动机的优点是其工作时使用的液态氧和传统的柴油燃料，可以几乎不受限制地随时得到补充。日本海上自卫队在经过长期试验之后，最终选择了"斯特林"发动机，并且计划把"斯特林"发动机装备在"亲潮"级改进型潜艇上。"斯特林"发动机的缺点是其燃烧室内的压力偏低。如果不使用排气压缩机的话，"斯特林"发动机的较低排气压力将会限制潜艇的下潜深度。总的来说，"斯特林"发动机比闭式循环柴油机更加安静，但是效率却低于燃料电池。

法国舰艇建造局研制的闭式循环汽轮机系统（MESMA）已经被巴基斯坦海军选用并装备在"阿戈斯塔"90B 级潜艇上。2008 年，巴基斯坦海军仅在"阿戈斯塔"90B 级的最后一艘"哈姆扎"

号的艇体中间嵌入一段长度为9米的AIP独立舱段，而该级的另外两艘艇则计划在将来进行大修时加装AIP舱段。装备闭式循环汽轮机系统的潜艇，其水下连续航行能力将比普通常规潜艇提高两倍。由于MESMA AIP系统使用乙醇做燃料，利用液态氧做氧化剂，其废气将产生噪声，形成气泡，增加潜艇的红外特征信号强度，因此，装备闭式循环汽轮机系统的潜艇需要对废气进行相应处理。此外，与"斯特林"发动机、闭式循环柴油机以及燃料电池相比，闭式循环汽轮机系统的效率最低。一些国家对于他们计划购置的潜艇，正在考虑选择何种类型的AIP。到目前为止，最安静且效率最高的AIP系统是德国研制的质子交换膜燃料电池。装备在常规动力潜艇上的质子交换膜燃料电池，既可单独用于推动潜艇前进，亦可与潜艇装备的高性能铅酸蓄电池结合在一起来推进潜艇。

德国建造的212A型潜艇上装备的燃料电池系统，可以使该级艇具有超过两个星期的水下航行能力。除此之外，希腊和韩国订购的214型潜艇、葡萄牙订购的209PA型潜艇、德国为以色列建造的两艘"海豚"级改进型潜艇以及希腊正在进行改造换装的4艘209型1200吨级潜艇等，都将以质子交换膜燃料电池作为其AIP系统。

2008年，俄罗斯的红宝石中央设计局积极与德国的霍瓦兹造船厂以及意大利的泛安科纳造船公司接触，寻求合作的可能性，争取开展联合研制活动，以便在常规动力潜艇的出口市场上推出具有更高性能的新型潜艇。意大利与俄罗斯合作开发的S1000型潜艇，是一种既可装备意大利设备，又可装备俄罗斯设备的潜艇。但是，目前在国际市场占有绝对优势的德国霍瓦兹造船厂没有看到与俄罗斯合作可能获得更大效益的前景，因此，霍瓦兹造船厂对于与俄罗斯合作暂时不打算付出更大的努力。另外，2006年初，法国曾经与德国霍瓦兹造船厂接触，打算与其共同开发 SNX－22 型潜艇，但是霍瓦兹造船厂对此没有表现出足够的热情。

在过去数年时间里，世界各国能设计与建造常规潜艇的厂家在逐渐减少。目前，在国际潜艇出口市场上拥有设计与建造常规潜艇能力且占有出口优势的国家屈指可数。另外，随着世界形势的发展和变化，潜艇战的许多概念产生了意义深远的变革，因此，常规潜艇的技术需求及其运行能力也相应发生了巨大的变化，以满足时代的需要。当前最重要的是对新形势下的潜艇运行模式予以定位。潜艇的性能在相当大的程度上取决于潜艇运行的环境，这一点是潜艇有别于其他舰艇的重要标志。目前潜艇运行环境正在从远洋深海转变为近海，常规动力潜艇在浅水海域的活动能力日益受到重视与强化。运行环境发生的变化正在深刻影响着常规潜艇的运行模式，同时也为潜艇创新其运行模式以及迎接其后的挑战创造了条件。反潜战曾经是潜艇的主要作战任务之一。如今，对于常规潜艇来说，虽然反潜任务依然十分重要，但是反潜战的条件却发生了巨大的变化。在浅水海域里，其水深可能小于核潜艇自身的长度，在这样的海水环境中，核潜艇开展各种作战活动无疑具有极大的风险。相反，常规潜艇排水量小，低速航行时的噪声低，与核潜艇相比，常规潜艇在这方面有着巨大的优越性，它更加适合在浅水海域开展各种作战活动。

第一艘装备 AIP 技术的常规潜艇——瑞典“哥特兰”级

世界首创：首艘不依赖空气的潜艇

瑞典常规潜艇的发展可追溯到 20 世纪初。1904 年建成的“鲨鱼”级潜艇就是见证。在随后的岁月里，瑞典在差不多固定的时间间隔内陆续建造了 5 级 24 艘吨位不同、结构各异的潜艇。瑞典海军对柴电潜艇十分偏爱，而对核动力潜艇却从未涉猎。

他们非常注重柴电潜艇技术发展的连续性，采用短周期、小跨度、高水平的方针，循序渐进地推动潜艇技术不断发展进步。每级新潜艇的设计总是以水动力学研究新成果为基础，每型潜艇尽量采用 1 ~ 2 项新技术和新设备，以致一级潜艇建造完工后，下一级潜艇设计通常已取得进展，每型潜艇都有所突破。所以自 1960 年“斯鸠曼”（A12）级潜艇开始，到“水怪”级（A14）、“西哥特兰”级（A17）都是按惯例进行研制的。上述潜艇在当时所处的时代都属世界一流水平。

1983 年开始建造，1990 年全部建成的 4 艘“西哥特兰”级（A17）服役后，瑞典海军便开始酝酿研制“哥特兰”级（A19）潜艇，以替代 20 世纪 60 年代服役的“斯鸠曼”级。他们要求“哥特兰”级潜艇在 A17 型潜艇获得的研制经验的基础上更上一层楼。经过 20 世纪 80 年代初中期广泛的预先研究和可行性研究，他们选择了一个突破点：增加水下续航力，即在新设计的潜艇上安装一套技术成熟的不依赖空气的 AIP 推进装置。

“哥特兰”级潜艇于 1988 年正式开始设计，1990 年初，瑞典国防装备局与考库姆公司签订了建造3艘新型潜艇的合同。

1996年7月1日是个值得纪念的日子,世界上第一艘安装了不依赖空气推进系统(AIP)的常规潜艇,瑞典海军的“哥特兰”级潜艇服役了。它的服役标志着常规潜艇的发展进入了一个新时代,引起了世界各国海军的广泛关注。

“哥特兰”级潜艇的主要使命是保卫瑞典1700千米海岸线,既可用来执行反潜和反舰作战任务,又可用来执行布雷、运送蛙人及近岸侦察等一般任务,平时则用作训练平台。它是瑞典海军21世纪的骨干力量。

拥有AIP系统:“哥特兰”级性能非凡

“哥特兰”级潜艇性能参数

水上排水量:1494吨

水下排水量:1599吨

艇长:60.4米

艇宽:6.2米

吃水:5.6米

水上航速:10节

水下航速:20节

动力:2台大功率柴油发动机2台斯特林发动机

编制:28人

武器装备:4具533毫米(21英寸)口径艇艏鱼雷发射管FFV 613/62型鱼雷2具400毫米艇艏鱼雷发射管瑞典432/45瑞典432/45型鱼雷12枚47型自航式水雷,由鱼雷发射管发射

声呐:CSU-90声呐系统

雷达:“特尔玛·斯甘物”导航雷达系统

声呐:STN阿特拉斯电子公司CSU90-2艇壳声呐系统

电子装备:雷卡公司“索 援系统恩”曼塔S电子支

“哥特兰”级潜艇的特点之一是在柴电动力装置的基础上，加装了一套斯特林 AIP 系统。该系统作为辅助动力装置使潜艇的潜航时间增加到 2～3 周，航程有数千海里。这是“哥特兰”级潜艇优于一般常规潜艇的一个重要标志。整个动力推进系统的操纵高度计算机化，大多数监控功能都是自动的。不过，为了确保安全，另备有手动备份与应急方式，一旦需要，随时可启用。正是这种独特的闭式循环混合动力系统的加装，才使该级潜艇成为世界潜艇发展史上的一个里程碑。

斯特林 AIP 系统既可加装到现役常规潜艇上，又可用在新建造的柴电潜艇上。改装时，无须改变原有潜艇的内部设备和装置的位置。因此对现有潜艇的现代化改装十分有利，短期效果显著。这也是斯特林 AIP 系统较之其他 AIP 系统最先达到实艇使用的原因之一。

斯特林 AIP 系统，除了提高潜艇的续航力外，还具有以下优点：热气机运转平稳、振动小、安全可靠、热效率较高（达 42%）、排气污染低；与柴油机相比、噪声明显降低，工作噪声降低 40 分贝，空气噪声降低 20 分贝；废气是经过冷却后自动排放到舷外的，其红外特征大大降低；平均维修时间间隔长，故障率低、使用寿命长，整机无故障运行时间超过 5000 小时。

“哥特兰”级潜艇以 21 世纪的作战需求为目标，装备有世界上先进的作战系统。作战情报与火控系统是由瑞典 Nobel Teeh 公司制造的。艇内鱼雷发射系统能及时接收这些目标的运动参数，同时向多个目标发起攻击。为了进一步提高对目标运动的跟踪与分析能力，艇上配备了大功率火控计算机，引导鱼雷精确发射，提高了鱼雷的命中率。

“哥特兰”级潜艇携带的武器不仅种类多，而且性能好。432/451 小型鱼雷采用电动方式，使用触发或非触发引信，是一种备有主动/被动寻的装置的线导鱼雷，主要用于自卫。由此可知该级艇的反潜与反舰作战能力是相当强的。

高性能探测设备使“哥特兰”级潜艇变得耳聪目明。主要探测设备是被动声呐,因其采用了高灵敏度新型微音器而使性能得到很大改善,探测距离成倍增长。通过使用新设备和新方法,对目标信号进行实时处理,使该级艇对目标的识别分类和跟踪能力大大增强。

其艇型不仅噪声低,航行阻力小,而且稳定性与操纵性良好。无论是水下航行,还是水上航行,都具有较好的航向稳定性和机动性。

隐蔽性好也是“哥特兰”级潜艇的主要特点之一。该级艇的所有重要设备均安装有减震装置。重要舱室也采取了隔震措施。例如,整个指挥控制室、艇员居住室以及推进系统控制中心等舱室均通过橡胶隔震器与艇体相连接。这样既可使重要的设备和舱室尽量避免艇外巨大冲击力(如爆炸冲击、水压冲击等)的破坏与干扰,又能降低艇内噪声的传递。

另外,该级艇装有三维自动控制消磁系统,将磁信号特征降到最低程度。上述措施大大提高了潜艇的隐蔽性。

瑞典海军把现代最新技术与高效低耗融为一体,把最先进的作战系统和 AIP 系统相结合,使该级艇成为目前世界上最先进的常规潜艇之一。

瑞典“哥特兰”级潜艇拉开了常规潜艇新时代的序幕。

遨游世界:“哥特兰”突破美军封锁

最强大的美军反潜网络竟然对付不了一艘小小的常规潜艇?据法国《宇航防务》报道,美国海军 2009 年 3 月从瑞典海军租借了一艘“哥特兰”级潜艇,该艘潜艇已经与美国海军进行了数次联合演习，从演习情况看，美军的反潜网络似乎对“哥特兰”潜艇作用不大，很难发现其活动踪迹。

强大的反潜能力一直是美国海军引以为傲的资本，尤其是在二战中对德国潜艇的毁灭性打击总是让美军津津乐道。探潜子网络和攻潜子网络是美国反潜网络的两大部分。目前，美国的探潜子网络综合了当今先进的探测方法，并由四种手段构成：反潜直升机和固定翼飞机组成的空中反潜平台；各种具备反潜能力的作战舰艇，包括航空母舰、驱逐舰、巡洋舰等；不同级别的攻击性核潜艇，这是反潜战最有效的工具；海底“反潜链”，主要由海底固定的声呐组成。在发现目标之后，攻潜子网络就要发挥作用。该子网络主要由反潜平台携带的攻潜武器组成，包括：水面舰艇装备的反潜导弹，水面舰艇和空中反潜平台装备的声自导鱼雷和深水炸弹，反潜潜艇装备的线导和声自导鱼雷。

根据美国海军与瑞典皇家海军达成的协议，“哥特兰”潜艇将被租借一年。在这期间，该潜艇同美国海军重点展开对抗训练，即充当攻击方，以各种手段“打击”美海军的舰队，试探美军反潜网络探测常规潜艇的效能和反潜打击能力。“哥特兰”潜艇的水下排水量为1490吨，水下航速20节，下潜深度可达200米。该潜艇为长水滴外形，经过多次流体动力学试验，具有航行阻力小、噪声低的优点。此外，“哥特兰”潜艇不仅能在浅海地区展开行动，还擅长在极难导航的近岸海域航行，这是其他类型潜艇难以做到的。

2009年6月底以来，“哥特兰”潜艇一直以美国西海岸的圣迭戈海军基地为母港，与大西洋舰队进行了多次联合演习。在演习中，由于潜艇具有很好的隐身功能，曾多次“撕裂”美军的反潜网络，成功进入攻击美军舰船的最佳区域，这让美军大吃一惊。

瑞典“哥特兰”潜艇在与美军演习中的表现说明，美军的反潜网并不像外界传言的那样“耳聪目明”，它本身存在一些难以克服的漏洞。

从技术角度分析,美军装备的各种探测仪器虽然先进,但远未达到在战场完全透明的程度。由于声波、电磁波等传播会受到水温、水深等海洋自然因素的影响,探测行动不可避免地会出现误差。

从战术角度看,美军的反潜布局并非完美。航母战斗群在执行反潜任务时,通常以航母为基点,划分为近区(距航母 20 海里)、中区(80 海里)和远区(100 海里)反潜防御区。整个战斗群以较高速度航行,以缩小敌潜艇鱼雷攻击阵位扇面,但同时也带来了噪声大等问题。在航母战斗群航行途中,如果敌潜艇能预先配置在航母战斗群的航线上,以静待动或以静制动,战斗群就难以发现目标。

除此之外,核潜艇或水面舰艇的水下探测主要使用拖曳式线列阵声呐,这种被动式搜索具有预警距离远的优势,但其在航线的两侧、舰首、舰尾方向均存在盲区。另外,中、远区面积过大难免出现探测的“空隙”。

现代常规潜艇的隐形技术不断进步也使反潜难度加大。“哥特兰”潜艇使用的“不依赖空气推进装置”(AIP)可使潜艇长时间遁形于深海之中。以往,潜艇在水下是靠蓄电池带动的电动机提供动力,而蓄电池的电量有限,只能航行几十小时,不得不经常浮到海面“呼吸”,即在通气管状态下使用柴油机为蓄电池充电,再加上充电时的噪声,很容易被对方雷达或水声器材探测到。现在有了 AIP 设备,潜艇就仿佛装上了蛙人使用的“水下呼吸器”,持续潜航能力成倍增加,从而保证了潜艇作战的需要。

21世纪的海上“隐形杀手”——1650型“阿穆尔”级

又一“杀手”:性价比最高的潜艇

在法国巴黎举行的“2004·欧洲海军展览会”上,俄罗斯展出了海军部造船厂生产的1650型“阿穆尔”级常规潜艇。俄罗斯参展团团长伊戈尔·别洛乌索夫称,该型潜艇可以称做“海军装备史上隐身性能最好、噪声最小、性价比最高”的潜艇,2006年,“阿穆尔”级常规潜艇正式装备俄罗斯海军。

“拉达”级677型和“阿穆尔”级1650型为同一型号,它是由红宝石中央设计局在“基洛”级636型常规动力潜艇基础上研制出的第四代常规动力潜艇,前者装备俄罗斯海军,后者出售给俄第三代常规动力潜艇的国外用户。二者在设计上基本相同,主要区别在于动力装置、反舰导弹系统、通信系统和所需人员编制。

“阿穆尔”级是一个常规潜艇家族,红宝石中央设计局以其标准排水量的不同分别命名为550型、750型、950型、1450型、1650型和1850型。这种设计理念是苏联潜艇发展史上的首创。“阿穆尔”级在设计上采用了模块化系列设计的理念,所有型号的潜艇均采用相同的设计和整体布局,使用统一的设备,主要差别在于潜艇的外形尺寸不同以及由此带来的潜艇武器装备数量、海上自持力、续航力及艇员编制上的差异。不同于苏联以往着眼于大型潜艇,“阿穆尔”级主要是中小型潜艇。事实上,目前常规潜艇小型化已经成为一种世界潮流,这主要有两个方面的原因,一是基于效费比的考虑;二是基于这样一种认识:潜艇越小,其隐身性能就越好,生存能力也就越强。

世界领先:性能远超“基洛”级名艇

“阿穆尔”级1650型潜艇性能参数

水型排水量:1765吨	**水下航速:**21节
水下排水量:2650吨	**最大水下续航时间:**45天
艇长:67米	**水下续航能力:**650海里/3节
艇宽:7.1米	**最大巡航距离:**6000海里
巡航距离:120千米	**下潜深度:**250米
水上航速:10~11节	**编制:**34~41人

“阿穆尔”级采用了世界新一代潜艇流行的AIP动力装置(不依赖空气推进装置),这种装置通过在艇内安装燃料电池提供动力,与传统的柴电潜艇相比,它不需要经常浮出水面以启动柴油发动机充电,从而提高了水下续航时间。

与上一代“基洛”级潜艇相比,新型潜艇采用了大量新技术,在设计上也有所创新。其中包括以现代数据库技术为基础的新型自动化指挥和武器控制系统,含拖曳线列阵在内的新型声呐组,从636型设计经验发展而来的降噪技术。该艇艇身为水滴形设计,艇壳采用了高强度的AB-2钢材,极为光滑的艇身表面敷设有消声瓦,另外还对艇内高噪声设备加装了消声器、隔音罩,从而使噪声降到最小,仅为“基洛”级的1/3。这可确保“阿穆尔”级潜艇及早发现并攻击前方的敌舰,并及时躲开反潜舰艇的攻击。

在设计方面,新艇取消了外露设备,实在无法取消的也换成了升降式,使其被雷达侦察到的概率大为降低。该级潜艇的自动化程度和电子设备也达到世界先进水平，艇上装有“利蒂”综合作战系统和“利拉”声呐系统，自动控制系统可确保对潜艇进行集中而有效的操控，可从潜艇主控室的操作员仪表板上控制机械设备和武器装备。

“阿穆尔”级潜艇装备有可伸缩桅杆和攻击潜望镜。复合导航装置包括一部小型惯性导航系统，可保证航行安全并确定发射导弹所需要的潜艇运动参数。一部观察桅杆可装备电视摄像头、红外成像仪和激光测距仪，可保证在任何时候进行观测。一部天线用于接收卫星导航系统 GPS 和 Glonass 的信号，同时还有一部天线用于接收无线电信号。一部攻击潜望镜（“阿穆尔”级 1650 型）具有目视和低可见光电视通路。雷达系统的目标探测距离、隐蔽性、精确性都有所提高。这套系统可完成自动标图和解决航行问题等任务。无线电通信装备包括一部可释放无线电天线，可在水下 100 米无法被探测到的情况下接收指令和信息。

在外形上“阿穆尔”级与其前辈“基洛”级非常相似，依然采用了良好的拉长水滴形，艇艏圆钝，光滑过渡到尖细的艇艉。这种先进的艇型非常有利于潜艇的水下运动。又长又高的指挥台围壳布置在距首端艇长的 1/3 处，上面安装有各种升降设备，如侦察雷达、通信天线、搜索潜望镜等，艇的尾部采用十字形操纵面。

在艇体结构上，“阿穆尔”级一反其前辈“基洛”级的双壳体，而是采用了俄制潜艇以往极少运用的单双壳体，即艇的前四舱采用了单壳体，尾舱为双壳体。虽然抗沉性能比前辈差了许多，但艇的重量要比“基洛”级减少数百吨，重量的减轻使艇的航速相应提高。当然“阿穆尔”级在身材上也要比“基洛”级苗条许多，灵活性要优于“基洛”级，隐蔽性也更好。

最令西方国家感到畏惧的还是艇上强大、众多的武器装备：六具直径 533 毫米的 53 型线导鱼雷发射管（可带 18 枚鱼雷）、中近程SS－N－15潜对潜导弹、可由“俱乐部－S”导弹系统发射的3N54E反舰巡航导弹、“针”式轻型潜空导弹，以及各型先进水雷（最多可携带30枚）。同时，该级艇上装备的快速装填装置更是令西方常规潜艇望尘莫及。

进军国际：“阿穆尔”出口形势一片大好

俄罗斯红宝石中央设计局一直在积极推销其新一代“阿穆尔”级潜艇。为适应不同客户的需求，在推出“阿穆尔”级1650型的同时，“红宝石”还研制了“阿穆尔”级系列产品。其中，“阿穆尔”级950型潜艇的建造已完成。与“阿穆尔”级1650型潜艇相比，它的排水量要小得多。“阿穆尔”级950型与“阿穆尔”级1650型拥有下列相同的武器装备：射程为200千米的反舰巡航导弹、自动寻的线导多功能鱼雷、水雷。在不久的将来，“阿穆尔”级潜艇家族还将添加新成员，即600～700吨的“阿穆尔”级550型潜艇。

“阿穆尔”级常规潜艇（1650型）是俄罗斯海军第4代常规潜艇“拉达”级的出口型，而“拉达”级是俄罗斯红宝石中央设计局在其早年研制的“基洛”级多用途常规潜艇上发展出来的，是一款能在中近海域和浅水海区执行众多任务的新一代多用途常规潜艇。

在2007年12月4日至8日于马来西亚举办的2007年朗加威国际海事航空（LIMA）展上，俄罗斯国防出口商展出了新一代的“阿穆尔”级1650型常规动力潜艇。

印尼是第一批“阿穆尔”级潜艇的国际用户，在2007年11月，双方刚刚落实了包括潜艇、战机在内的30亿美元军购合同。有国际防务人士指出，采用了模块化技术的“阿穆尔”级在通用性、后勤维护便利等方面有了一个大的飞跃，而这一向是苏俄系潜艇被人指责的地方，因此“阿穆尔”级潜艇的出口环境被广泛看好。

特别值得一提的是，俄罗斯国防出口公司暗示，在需要俄政府的批准并制订相应的使用限制条款情况下，最新的“暴风雪”超高速鱼雷也可装备在该级潜艇上。这种武器水中航速达100米/秒，约200节，比常规鱼雷快3～4倍，有效射程6～12千米，战斗部装药250千克，可在400米的水深处攻击以25节航速航行的潜艇。目前世界各国都还没有防御这种鱼雷的武器系统。

发展潜艇：从“阿穆尔”级看俄罗斯海军的复苏

“阿穆尔”级是当前俄罗斯最新型的潜艇，该型潜艇的设计构想是：作战效能高，超过任何柴电潜艇；能可靠地攻击水面舰艇和潜艇；操作简便。应该说，俄海军的第三代潜艇，不论是“877”还是“基洛”级，它们的性能在世界常规潜艇名单中已名列前茅，其作战能力和良好的隐蔽性，深受各国的青睐。就目前俄罗斯的第三代潜艇来看，其战术技术性能仍属上乘，尤其是水下安静性，比西方国家现役潜艇要强得多。正当“基洛”级处于顶峰状态时，俄海军的第四代潜艇——“阿穆尔”级又露面了。

为什么“基洛”级等型潜艇还如日中天，又出现了第四代——“阿穆尔”级呢？这可能与世界各潜艇制造国在潜艇的研制和建造上都在与俄罗斯“较劲”有关。德国的U－214、瑞典的A－19、荷兰的“旗鱼”、法国的“阿戈斯塔”等，虽说都没超过“基洛”级，但各有千秋。俄为保持潜艇性能的优势，采取了不断更新的措施，即使上一代还在顶峰，也不遗余力。苏联解体后，俄罗斯海军在经费极端困难的情况下，不但开发出“基洛”级潜艇，同时还上马了“阿穆尔”级潜艇，将当前各型常规潜艇远远甩在了身后。

在冷战时期，苏联水面舰艇总体水平不及美国，因此就发挥其潜艇数量多、性能好的优势弥补，藉以与美国争霸海洋。

苏联解体后，尽管俄罗斯海军接管了原苏联海军的大部分舰只，但由于维修经费的严重短缺，数百艘舰艇相继被迫退出了战斗序列，连入列不久、在苏联海军史上首次出现的航空母舰也不例外。燃料的不足又使远洋训练无法开展，使俄海军几乎变成了一支近海防御部队。这样不但难以与美国海军抗衡，连对积极东扩、咄咄逼人的北约也无法对付。俄海军面对这种尴尬的局面，又无力在短期内改变这种状况，唯一的办法就是发挥其潜艇的优势，“阿穆尔”级的出现，不能不说与此有关。“阿穆尔”级的水下安静性和作战能力足以使各种舰艇丧胆，它的水下噪声仅是其前一代潜艇的1/8～1/10，而前一代的636型已在当今潜艇中领先了。这样，反潜水面舰艇和反潜潜艇对它的探测将难有效果。

“阿穆尔”级潜艇作战能力的提高，也使其成为西方难以对付的对手。“阿穆尔”级虽未采用光电潜望镜，但潜望镜上装有热视通道和激光测距仪及主/被动雷达系统。携带的武器不仅有鱼雷，还有可用鱼雷发射管在水下发射的导弹，鱼雷是俄海军最新型的、国外还没装备的超速火箭鱼雷。为提高水下探测能力，“阿穆尔”级采用了新型声呐系统并加装了拖曳声呐，新声呐系统的基阵几乎占了一半艇壳，要比其他艇的大3倍，提高了探测和辨别能力，有利于先敌发现。“阿穆尔”级是最先装备新型动力——燃料电池的潜艇之一。这种动力有人称它为电化学发电机，但不是传统的蓄电池，它以经济航速可在水下航行15个昼夜，大大提高了该潜艇的威慑力。

以往，苏联的新型装备一般是不对外出售的，20世纪90年代，俄罗斯即破例将“基洛”级提到出口名单上。为提高市场竞争力，又在“基洛”级的基础上进行改进，生产636型，使购买潜艇的国家增加到近10个。

“阿穆尔”级设计建造之初，既赋予其威慑任务，也考虑到出口，为此设计生产了五种型号的系列产品，以适应不同需要的国家购买。如需要在近海活动，有价格较低的小吨位的“阿穆尔”级；需要远洋巡逻，有携带16枚鱼雷、自给力达50天的1850型。俄罗斯共设计有五种型号“阿穆尔”级潜艇，550型、750型、950型、1450型和1850型，其标准排水量和型号相同。虽吨位有大小，但主要性能差不多。除1850型外，都没装电化学发电机。为适应出口的需要，俄罗斯一改以往不注重居住性的做法。“阿穆尔”级潜艇的住舱舒适性较高，艇长住单人间，一般军官住双人间，还配有小尺寸、高经济的厨房设备，能保证快速做好美味可口的熟食。食用淡水的保存可长期不变质，有制淡设备。另外，为迎合世界各国对作战舰艇生态性能的日趋重视，“阿穆尔”级潜艇安装有清除污油、生活污水和将食物包装、垃圾压成块、将食物残渣碾碎的设备。这些对居住性的改进，大大提高了出口竞争能力。

综合以上动向可看出，俄罗斯海军在经历了冷战后的跌宕起伏，开始重振昔日雄风。尽管俄罗斯在执行限制核武器条约时，将销毁“台风”级弹道导弹潜艇，但不会影响海军战略要点及潜艇所具有的威慑力。“阿穆尔”级潜艇的出现，使俄罗斯海军在军事上又握有一重要筹码，另外通过在国际市场的销售，赚回的外汇将进一步支持海军科研和军事工业的发展。

中东的海神
——以色列“海豚”级

以色列的呼声：征服海洋需要潜艇

以色列在地中海东岸有相对漫长的海岸线，在三面被阿拉伯世界包围的情况下，其海岸线是对西方世界唯一的自由开放门户，这是一个战略资源。

以色列开国总理本·古里安在以色列海军学校第一届军官毕业典礼上称：“如果我们无法控制周边的海域，以色列就将成为一座孤立无援的城市。如同我们必须化沙漠为绿洲一样，我们也必须征服海洋。”以色列人当然不会忘记，1956 年和 1967 年的战争是因为什么爆发的——埃及单方面封锁苏伊士运河和切断蒂朗海峡。因此，大卫王的子孙必须统治自己面前的海洋。

相信许多人都以为以色列海军的作战能力完全集中于大大小小的导弹艇或巡逻舰上，因为从“萨尔”-1 级到“萨尔”-4.5 级导弹艇，再到“萨尔”-5 级护卫舰的精妙设计和卓著战功上可以得出这个结论。但是以色列封锁东地中海水域、构成战术乃至战略威慑能力的任务却有相当部分必须落在为数寥寥的几艘传统柴电潜艇身上。

以色列海军中艇龄最老的 3 艘“海浪”级柴电潜艇（GAL-540 型）是从英国维克斯船坞工程公司购买的，1977 年服役，艇艏设有 8 具 533 毫米口径鱼雷发射管，可搭载导弹或鱼雷 10 枚，前者为潜射鱼叉反舰导弹，后者则是美国霍尼威尔公司生产的 NT-37E 型鱼雷。面对现存的和将来的威胁不断增加，促使以色列的潜艇也必须进行升级，20 世纪 80 年代中期“海浪”级开始进行中期改装，但依然满足不了以色列的国防需要，从而推动了新型潜艇的出现。

所有以色列人的苛刻战术要求在德国人面前都不成为问题，因为他们向全世界推销的 209 型潜艇已经持续 20 多年向超过 10 个国家出口，具有相当高的商业信誉。以色列从 20 世纪 80 年代开始便打起了德国船厂的主意，起因却是非常奇特，已经与以色列签订《戴维营和平协议》的埃及正积极从德国引进 209 型潜艇。在参加过由德国潜艇联合会举办的 SUB-CON 85 会议后，以色列就意识到应该将自己的新潜艇交给德国来造，再通过美国“敲边鼓”，必然能成就代表世界常规柴电潜艇最高技术、战术水平的潜艇型号。一款新的潜艇在几经周折后诞生了，这就是“海豚”级常规柴电潜艇。

“海豚”级柴电潜艇的建造由1988年一直拖延至1992年才正式开始——由霍瓦特·德意志造船股份有限公司切下第一艘潜艇所需的钢板材料，1994年将完成的第一个艇身结构运给位于埃姆登市的蒂森北海工厂进行组合，1996年4月15日该级艇第一艘下水并被命名为“海豚”号，1998年正式服役。第二艘“黎凡塞”号于2000年加入以色列海军现役。第三艘“泰库玛”号则在1998年7月9日下水，2001年11月抵达海法港基地。在整个项目中，由有经验的以色列潜艇艇员和工程师组成的海军工作组作为检查组派到德国所有主要的潜艇建造和试航地点。该型潜艇服役后的主要任务是执行封锁、监督和一些特殊的任务等。

“海豚”级：现代潜艇技术的结晶

“海豚”级潜艇性能参数

水上排水量：1640吨

水下排水量：900吨

艇长：57.5米

艇宽：6.8米

艇高：12.7米

水上航速：13节

水下航速：20节

续航力：4000海里/18节

下潜深度：350米

自持力：60天

编制：22人

“海豚”级在德国吕贝克工程事务所的编号为800型（Type

800)，是在德国最畅销的209级1400型和德国海军自用型212级柴电潜艇的基础上进一步改进的，是当时德国建造的同型潜艇中性能最好的。

“海豚”级潜艇的艇体结构是传统的单壳体。经过优化设计的外形，达到低阻力，并可避免流动噪声。封闭那些一直不用的开口也可以消除流动噪声，实现封闭壳体的效果。

“海豚”级的耐压壳体由高强度、高弹性的HY80潜艇专用钢制造。以超过25%最大工作深度试验下潜深度，耐压壳体进行的优化设计使艇在有限的最大排水量下获得艇内最大有用空间。为了满足浅海潜艇的要求，艇内大部分舱段都采用双层甲板布置。

“海豚”级潜艇总布置(从艏至艉)概括如下：上层甲板、居住舱—艇员住室、冷藏舱和厨房、作战情报中心、技术控制中心；第二甲板，鱼雷发射管和武器储存室、电子设备室；底层，蓄电池舱、辅机舱、油舱和污水舱、机舱位于艇后半部分，占一层甲板。机舱内主要部件有：主推进电机、3台柴油发电机、液压站、2台高压空压机、主污水泵；机舱底层，油舱和空调室。为了维修保养方便，在机舱顶部备有维修开口，不用切开壳体就能将柴油机整体移出。为使艇员在海上长久逗留中保持良好状态，设计的居住条件允许艇员同时休息、进餐或娱乐，即卧室专用于睡觉，另外设有餐厅等。为了提高居住舒适度，配置较多卫生间。大型冷藏柜可长时间保存较多的新鲜食物。

因为采用优化流线型设计和较小的长度/直径比，“海豚”级潜艇有很高的机动性。潜艇行驶由适合浅海操作的高性能X形舵结构和位于壳体前部的艏水平舵进行控制。由于停靠码头的实际原因，X形舵的大小限定在壳体直径范围之内。潜艇的机动由操舵站执行，它是一个双座位的单人控制杆/盘结构，它先由费伦蒂公司设计，后来由GEC－马可尼公司接替设计。在操舵站之中还综合了安全包络线设置，只要潜艇航行姿态超过包络线，操舵员就会接收到有关操纵自由空间信息或警报。

“海豚”级最具吸引力的还是它的不依赖空气燃料电池舱段。德国西门子公司从1982年起就开始研制潜艇用质子交换膜燃料电池PEMFC，1993年研制出额定功率为48马力的PEMFC单元，并由这些单元构成的质子交换膜燃料电池用于“海豚”级潜艇，这意味着“海豚”级柴电潜艇以6节速度在水下巡航时，不用浮出水面便能保持30天不间断潜航（按续航力计算为8800千米）。

该艇的推进系统为常规柴电联合动力系统，包括三台MTU 16V396SE84柴油机、三台MTU 750千瓦交流发电机以及一台水下推进用的西门子主推进电机，两组蓄电池向主配电板供应电能，主配电板与蓄电池及主推进电机连接，以便能提供螺旋桨所需的电能。主推进电机通过挠性联轴节螺旋桨轴与螺旋桨直接连接。

在武器装备配置方面，“海豚”级的鱼雷管数目恐怕是全球潜艇之最，多达10管，艇艏有4具650毫米与6具533毫米鱼雷发射管，使用阿特拉斯STN公司研制的DM2A3海豹533毫米反舰反潜两用鱼雷，总载弹量14枚。4具650毫米发射管主要除了发射同口径鱼雷外，也可以装载潜水推送器（SDV）执行输送特种部队任务。

除鱼雷外，“海豚”级潜艇还可发射美制鱼叉潜射导弹，射程130千米，速度为0.9马赫，采用掠海飞行方式。这是一种全天候、超视距的反舰导弹系统，其主动雷达制导、弹头设计和低空的掠海巡航弹道确保了该型导弹具备了很高的生存能力和有效性。

“海豚”级潜艇作战系统采用了挪威与德国合作成立的阿特拉斯STN公司按照以色列海军特殊要求开发的ISUS综合指挥系统，该系统也用于挪威的210型“乌拉”级潜艇。

全艇的运转态势控制系统是由德国西门子公司制造的，可对全艇所有技术系统进行有效的安全监控。除此之外，“海豚”级潜艇的声呐系统、电子战系统、安全设置等诸多方面都有着出色的性能。

总之，这是一艘集现代常规潜艇多项优异技术于一身的现代经典常规潜艇。从某种意义上来说，“海豚”级潜艇不仅仅是一艘潜艇，它更像是一个现代潜艇技术的展览馆。

配备核武：“海豚”发射“鱼叉”导弹

2003年6月18日英国《星期日泰晤士报》披露：当年5月初的一天深夜，以色列海军的两艘“海豚”级潜艇借着夜色的掩护，悄悄驶离以色列最大的军港海法，向茫茫大洋深处潜去。这是以色列海军史上史无前例的绝密军事行动，不但以色列海军绝大多数的高级将领不知道这次行动，就连两艘潜艇上的官兵也是在出海后才了解他们所要执行的绝密任务。组成编队的两艘以色列潜艇途经地中海、苏伊士运河、红海和印度洋抵达斯里兰卡附近海域。经过数天的周密准备，在接到指挥部的指令后，艇长一声令下，一发外形类似西方最常用的反舰鱼叉导弹的黑色导弹突然跃出洋面，拖着长长的火舌，紧贴洋面作超低空飞行，准确地击中1500千米外预定水域的目标。以色列因此成为全球第三个使用核潜艇发射携带核弹头的巡航导弹的国家。

20世纪90年代初，以色列情报机构“摩萨德”向政府提交数份报告，认为伊朗到2000年就会有能力对以色列发动核导弹袭击。正是从那个时候起，以色列加快了部署潜射核威慑力量的步伐。以色列最新的估计把伊朗袭击以色列的日期推迟两年，以色列高层对伊朗的核打击能力也开始怀疑起来，但这并没有妨碍以色列构建核保护伞的进程。由于潜艇特有的隐蔽性，其打击性更强，对中东地区战略平衡的动摇更大，以色列从订购“海豚”级潜艇一开始便打算在上面部署远距离对地攻击武器，包括装备核弹头的导弹。2000年，以色列向美国申购50枚战斧巡航导弹，由于华盛顿当局担心以色列会发展自己的远程巡航导弹技术，引起阿拉伯国家的不安，故于当年3月拒绝了以色列的要求，不过此举也暗示了以色列的意图，引发周边阿拉伯国家的高度关注。

由于“海豚”级拥有4具650毫米特大口径鱼雷发射管，因此未来在部署某些“特殊”对地攻击武器上颇具潜力。据德国《Der Spiegel》新闻杂志报道，1999年，德国国防部在回答绿党议员安格里卡·比伊尔和温福莱德·纳克特维的质疑时是这样说的：“连德国政府都不明白究竟为什么要为‘海豚’级的潜艇安装650毫米口径的鱼雷管来使其可以发射潜射导弹。”位于德国柏林的泛大西洋安全信息中心的头目沃特福莱德纳索尔说：“德国当局的态度就是——‘我不知道也没关系，反正对我没有什么伤害’。”他认为，由于以前德国曾为伊拉克萨达姆政权提供过武器，德国卖给以色列潜艇是一种对以色列乃至整个犹太世界的补偿。不过，许多欧洲军事专家正在猛烈抨击德国向以色列出口“海豚”级潜艇的行径，甚至不顾自己有可能成为导致中东核武器竞争的“同犯”。

世界上最大的常规潜艇——澳大利亚"科林斯"级

潜艇的现代化:澳瑞合作的结晶

2004年3月3日,澳大利亚国防部宣布,澳海军6艘"科林斯"级潜艇可正式投入作战。这是在第6艘"科林斯"级潜艇"兰金"号完成一年航行检验后宣布的。澳国防部声称"科林斯"级潜艇是目前世界上性能优良的常规潜艇,是澳大利亚海军进入21世纪的海防主力,预计服役25年。澳海军强烈要求再多建造两艘,以组建起两个潜艇支队。同时,向东南亚销售"科林斯"的计划已在进行。澳大利亚本是潜艇落后国家,因此"科林斯"级潜艇引起了世人的特别关注。

澳大利亚四面环海,是世界上最小的大陆,其独特的地理位置决定了该国海军在国防力量中的重要地位。但在相当长的时间内,澳大利亚海上防务主要靠英国海军潜艇来担任。一直到了20世纪60年代,澳大利亚海军才购买了6艘二战时下水的老艇"奥白龙",组建了自己的潜艇部队,可使用一段日子后便感老艇难当大任。

20世纪70年代,澳大利亚海军制订了"潜艇现代化计划",但因经济实力不济,计划实施颇有难度。20世纪80年代,澳大利亚经济复苏,澳大利亚政府筹措了40亿澳元巨款,决定研制新艇以取代"奥白龙"。

1982年,澳大利亚海军就建造新一级潜艇向西方国家招标。英、德、荷、法、意和瑞典6国的7家潜艇公司参加了投标。澳海军进行综合比较后，选择了瑞典考库姆公司的方案，并选择了两家作战系统供应商。这是个有跨越意义的方案，使澳海军潜艇实力一下子闯进了世界前列。

1987 年 6 月 3 日，由瑞典考库姆公司与澳大利亚 3 家公司组成的澳大利亚潜艇公司与澳大利亚海军在堪培拉议会大厦签订了建造 6 艘“科林斯”级潜艇的合同。澳大利亚南部的阿德莱德造船厂承担了建造任务。6 艘艇分别被命名为“科林斯”号、“法恩科姆”号、“沃勒”号、“德查纽克斯”号、“希恩”号和“兰金”号。最后一艘“兰金”号在 2003 年 3 月 26 日进入澳海军试航。据估算“科林斯”每艘艇造价为 3.5 ~ 3.75 亿美元。

技术先进：带有瑞典味儿的“科林斯”

“科林斯”级潜艇性能参数

水上排水量：3051 吨	**水止续航力：**9000 海里/10 节
水下排水量：3353 吨	**最大续航力：**1.15 万海里
艇长：77.8 米	**下潜深度：**300 米
艇宽：7.8 米	**动力装置：**柴电推进形式，包括 3 台柴油机 4 组铅酸蓄电池和 1 台主推进电机 1 个单轴螺旋桨
吃水：7 米	
水上航速：10 节	**编制：**42 人（含 7 名军官），可加 5 名学员
水下航速：20 节	

“科林斯”级潜艇有浓浓的瑞典潜艇味儿。它像放大了的瑞

典 A17 级潜艇,到处显示出瑞典潜艇的科技理念和实力。

"科林斯"级潜艇的最大续航力为 1.15 万海里,在通气管航态下的续航力为 900 海里,水下用蓄电池电能航行时的续航力为 480 海里,自持力 70 天。该级潜艇装备了 6 具 533 毫米鱼雷发射管,分 3 组布置在左右两舷,共可发射鱼叉潜射反舰导弹和 MK484 型鱼雷 23 枚,武器威力较为强大。为提高水下探测能力,"科林斯"级潜艇采用了法国专门为其研制的塞伊拉综合声呐系统。该系统是现行常规潜艇装备同类系统中性能最先进的(包括艇艏声呐、侧面阵声呐和被动拖曳声呐),具有探测距离远、自动探测和跟踪、抗干扰、能分辨假目标等特点。

"科林斯"级潜艇主要执行反舰、反潜、警戒、搜集情报、布雷和运送潜水员登陆等特种任务。

澳艇精锐:资本雄厚的"科林斯"级

"科林斯"级艇采用的是单壳体结构,两层连续甲板,壳体寿命 30 年。为了增强对抗最先进潜艇的能力,低噪声是该级潜艇设计时的一项特别重要的指标。为了提高总体性能,降低艇体重量,艇体由瑞典生产的抗拉伸高强度钢制成。

它与瑞典 A17 级潜艇一样,采用圆钝艏、尖锥艉的过渡型艇体。流线型指挥台围壳上装有水平舵。回转体尖锥艉上装有呈 X 形布置的艉舵和直径达 4.4 米的 7 叶大侧斜低速螺旋桨。全艇采用小储备浮力的大分舱,给总体布置带来了更大的灵活性,使舱室得到更充分的合理利用,有助于改善潜艇的适居性。整个艇仅艏端和艉端设有主压载水舱,舯部为单壳体。带有脱险筒的双层耐压隔壁将整个耐压船体分隔成两个水密舱。"科林斯"级潜艇采用的这种"主艇体—操纵面—螺旋桨"配置方案具有特别的优越性。首先是操纵面的尺度不超出艇宽和龙骨基线。潜艇离靠码头、进坞坐墩和坐沉海底十分方便。其次是潜艇具有优异的稳定性和机动性,无论在水面还是水下稳定航行时,均具有良好的航向保持性;而机动航行时,则具有灵活的操纵性。

它的自动操纵系统装有新型微机,且与全艇串行数据总线相连,组成微机网络,具有控制艇的机动、均衡、推进装置、电能消耗和监视以及故障报警等功能。操纵系统只需单人操纵,比瑞典A17级所用的SCC-200系统还要先进。

它装备了由常规的柴油机/发电机、蓄电池、电动机动力装置和新颖的热气机组成的混合动力装置。3台海特莫勒17缸4冲程柴油发电机组能提供3.5兆瓦的电能。强大的动力源配以低阻力的艇体以及高效率的螺旋桨,使艇的水下最大航速超过20节。低航速续航力很大,自持力可达70昼夜,这在西方潜艇中也是少见的。

“科林斯”级艇装备有先进的传感系统和先进的作战系统。它的传感性能超群。水声设备齐全使“科林斯”级潜艇“耳聪目明”。水声系统包括8个基阵和10个信号机柜。

最具特色的是它装有可收放的细线型低频拖曳基阵。迄今只有美国和俄罗斯的潜艇上装备了这种新式基阵。这种基阵长约1千米,直径为40毫米,其内核是一组组水听器和电子元件。其外面包覆有6层外套:编织聚丙烯、凝胶填充物、网状聚丙烯导体层、凯夫拉增强纤维软芯等,最外层是聚氨基甲酸(乙)脂套管。这种拖曳基阵又长又细,又轻又软,又牢固又可靠,很容易卷绕成筒状,放出后能呈零浮力状态浮于水面。由于它很长,远离本艇的噪声源,可以接收千里之外的目标发出的低频信号。据称,装备此类声呐后,其探测目标的距离已从100千米扩大到1000千米,可探测的区域面积增加了100倍。这无疑具有重大的战术价值。

它的作战系统就其功能集中程度而言,超过了美海军新一代核潜艇的作战系统。它能自动探测1000个目标,自动跟踪200个目标,对25个以上的目标进行定位。作战系统包括7台多功能通用操纵台、1台指挥图像操纵台和左右舷的武器数据转换器。它既有监测功能,又有威胁预测功能,另具有辅助导航的功能。微处理机都是标准化的MC68020接插件,易于维修和更换,并用光纤数据总线连成现代化的微机网络,易于管理。

它的武器装备配置中增加了多用途发射管的数量和武器携带量,同时注意了雷弹的配比,共携载武器23枚。6具鱼雷发射管的第1具是由美国制造商提供的,其余5具由美国提供技术指导,由澳大利亚自行制造。携带的武器有美国MK-48鱼雷、反舰反潜两用鱼雷和“鱼叉”反舰导弹,也可装载水雷,还可装载巡航导弹以攻击远距离陆上目标。在指挥台围壳顶部还预留有安装对空导弹的空间。

“科林斯”级潜艇凭借其雄厚的资本,成为21世纪澳大利亚潜艇部队中的精锐,潜伏于南太平洋与印度洋之间,担任起了澳洲近海防御的重要任务。

德意志
——德国U212/U214级攻击型常规动力潜艇

U艇归来:德国新一代常规潜艇

2003年4月7日,德国制造的U31潜艇在基尔港正式下水。该潜艇是世界上第一艘采用燃料电池的潜艇,因此它的下水备受各国军方、工业界及国际主要媒体的关注。

20世纪中叶,美国、苏联、德国、法国和瑞典等国相继开展对燃料电池的研制,虽说在关键技术上都有所突破,但只有德国捷足先登,率先将其研制成功并应用到潜艇上。

U31潜艇由德国霍瓦兹船厂制造,该厂建造的206级、209级潜艇受到多国欢迎。1990年,该厂又在209级1200型潜艇的基础上研制出212级潜艇。此时,意大利海军表示出订购212级潜艇意向,并要求对212级潜艇的设计进行改进,增大下潜深度,采用新的通信系统和逃生设备。德方采纳了这一建议,将212型潜艇改进为212A型。德国海军订购了4艘212A型潜艇,首艇就是U31号,该潜艇于2004年正式服役。意大利也正在以许可证方式建造两艘212A型潜艇,第一艘"萨尔瓦托雷·托达罗"号于2005年服役。此外希腊海军也订购了4艘。

由于U212A型是世界上第一艘采用燃料电池的潜艇,因此克服了常规动力潜艇原有的作战和战术性能上的许多不足。有人认为U31号是潜艇史上一个新的里程碑,它不仅改变了常规动力潜艇的动力系统,也因此使常规动力潜艇在作战行动上有了关键性的突破,威慑力大增。当然,燃料电池的使用只是一个重要方面,该潜艇在其他方面的改进和提高,也是现今潜艇极少能与之相比的。

超凡脱俗:性能不亚于核潜艇

U212A型潜艇性能参数

水上排水量:1450吨　　**水下航速:**20节

水下排水量:1830吨　　**最大潜航速度:**8节

艇长:55.9米　　**续航力:**1250海里

艇宽:7 米　　　　　　　　　下潜深度:200 米
吃水:6 米　　　　　　　　　自持力:49 天
水上航速:12 节　　　　　　　编制:27 人(包括 8 名军官)

U212A 型潜艇的外形为水滴形,这种外形虽非首创,但也体现出设计者的明确思想:能把 6 枚鱼雷发射管和众多的声呐设备安置在扩大了的艇艏空间,为声呐设备提供最佳的工作环境。

为了不影响声呐工作,对声呐产生干扰噪声的艏升降舵安装在前移的指挥室围壳上。虽然现代潜艇浮出水面的时间很少,指挥室围壳大小也已不是暴露的主要因素,但设计者还是将 U212A 型的指挥室围壳设计成小、尖、圆、滑的独特形状。它的外形类似一截顶锥体,低矮又尖细,周身圆顺平滑,在水面时可防雷达探测,在水下时便于操纵和将涡流绕声减至最小。U31 的尾操纵面为 X 形,即我们常说的 X 舵。现今的常规潜艇和部分核潜艇用的都是十字舵,只有少数先进的核潜艇采用 X 舵,这也是 U212A 型潜艇与众不同的地方。

U212A 型潜艇的耐压艇体采用的是高强度低磁不锈钢,并采用先进工艺焊接,既抗冲击力,也减少涡流。U31 号潜艇还将所有艇体上与外界的切口,如流水孔、主水柜的注水泵外孔等较大的开口,全都用自动活动盖板将其关闭。这种减少水绕动声的措施,也为 U31 号潜艇所独有

德国建造:最现代化的常规动力潜艇

与其他潜艇相比,U212A 型潜艇最值得我们关注的有三大特点。

首先,它拥有不依赖空气的动力系统——燃料电池动力。

到目前为止,潜艇依靠尚不能被电、磁穿透的海水的掩护,在历次战争中都有上佳表现,但随着反潜作战理论和反潜兵力及装备的发展,潜艇特别是传统常规动力潜艇将逐渐会在作战行动中陷入被动、无为的局面。

传统的柴电动力潜艇在水下潜航 2 ~ 3 天后,就必须为电池补充电能。尽管充电时使用体积仅为艇体数十分之一的空气筒,但也很容易被反潜航空兵发现,这时潜艇就有可能被迫中止充电,无法完成所担负的任务。在反潜战中,对手就会根据潜艇的这一特点,在预计潜艇可能通过的海峡、水道内,设置防潜封锁区,使潜艇一次充电后无法通过封锁区的纵深,再次充电时而被发现和歼灭。如果潜艇有足够的电量,能在不易探测的水下一次突破封锁区,是最为理想的。

U212A 型潜艇就实现了这一目标:使用燃料电池作为动力,可在水下连续停留(指不上浮充电)3 周,最大行程可达 1250 海里,可突破敌方设置的任何封锁区。在封锁区中,假如与反潜兵力相遇,U212A 型潜艇也有足够的电能与之周旋。以往因电能困扰潜艇而出现的问题,随着燃料电池的出现将得到最大限度的解决。当然,U212A 型潜艇上所带的"燃料"量也不能无限期地使用,其自持力为 49 天,每次任务后需要补充"燃料"。

U212A 型潜艇的燃料电池动力系统由 9 组聚四氟乙烯燃料电池、14 吨液氧贮存柜和 1.7 吨气态氢贮存柜三部分组成。系统的主要部件有热交换器、排出泵、冷却水泵、催化剂罐、燃料电池电子设备、斩波器和逆变器等。燃料电池不使用空气,将氢燃料和氧化物放到特殊燃烧室内进行反应,直接转换成电能,输出直流电驱动电动机带动桨轴,推进潜艇航行。单使用燃料电池航行时,最高航速为 8 节,多数用 4.5 节航行,同时还可提供 11 千瓦的生活用电,续航力为 1250 海里,潜航时间 278 小时。

其次,U212A 型潜艇是一种会"隐身"的潜艇。

由于U212A型的艇体外形平滑光顺，流体性能极佳，不仅阻力小、机动性好，而且湿表面积小，可减少被主动声呐探测时的反射面积，从而增加潜艇的隐身性。在降噪方面，除具有独特的艇体结构外，U31号所采取的降噪措施也普及到全艇各个部位，如艇上所有的机械都经过严格的降噪设计，检测合格后都安装在高效能的弹性减震基座上。对作为主要噪声源的动力系统，U212A型将其集中布置在密封的动力室中，同时还采用整体“浮筏”技术进行专门减震降噪。据称，采用这一技术后，U212A型的动力系统的噪声降低了40分贝。为全面降噪，U31号还对另一噪声源——螺旋桨进行改进，将其换成大侧斜低噪声7叶螺旋桨。这样一来，U31号潜艇的降噪措施及效果成为可与俄罗斯“K”级潜艇相媲美的唯一一款潜艇。

U212A型潜艇在设计建造中，对消磁和红外隐身也很重视，潜艇壳体采用了价格不菲的高压低磁不锈钢，在有限的舱室空间内，安装了消磁系统，以便随时监测潜艇的磁场强度并及时进行消磁。这种设备是多数潜艇所不具备的，它对规避磁性水雷和防止敌方磁探测器材的搜索，特别是在高新技术不断发展的今天，具有重要意义。

此外，U212A型采用燃料电池作为动力系统，向海水辐射的热能很小，这加之航速低（一般为4节左右），所以红外特征和尾流特征都很小，这是对抗反潜战的一项重要措施。

最后，U212A型潜艇拥有先进的电子设备和作战系统。

U212A型装备有功能齐全、性能高效的电子设备，声呐系统包括DQBS-40、MOA3070和噪声监控装置。DQBS-40系统中的被动探测声呐可同时跟踪4批目标，拖曳线列阵声呐的探测距离可达100千米，可跟踪几十批目标。艇上还装有FL1800U型电子对抗仪、1007型导航雷达及导航和通信系统等先进电子设备。潜望镜上有红外探测和微光夜视装置。这些先进的探测和通信系统为 U31 号的指挥和作战提供了最基本的保障。

U212A 型上还装备有 MSl－90U 型火控系统，可实现对多批目标运动要素的解算和对两批目标的攻击，弥补了以往潜艇只能“一攻一”、战机稍纵即逝的不足。上述系统已实现了集中控制和管理，它安装有新型计算机集中操纵控制系统，将艇、机、舵的操纵控制综合为一体，由一人在中央控制台操纵，自动化程度非常高，因此其编制人数只是同吨位潜艇人数的一半。

U212A 型潜艇上有 6 具 533 毫米鱼雷发射管，使用的鱼雷为 DM2A4 型，该型鱼雷不仅航速高、射程远，且有自动导向处理能力，可攻击水面舰艇和水下潜艇。发射时可使用液压和自航两种方式。用液压式发射时，发射深度可达 200 米，大大增加了作战的主动性。U31 号潜艇还装备有专门的水雷投掷器，可载 24 枚水雷，能在浅水区执行布雷任务。

由此可见，U31 号不仅隐身性能好，续航能力强，而且还可执行多种任务，它既能反舰，也能反潜，还能布雷，是目前世界上最现代化的常规动力潜艇。

各为其主：U214 级外销中小国家

在外销方面，HDW 公司在 U212 级基础上设计了 U214 级专门用于出口。

希腊海军是 U214 级的第一个客户，合同于 2000 年 2 月签订，订购三艘。2004 年 4 月 22 日，HDW 公司为希腊海军建造的第一艘 Papanikolis（S120）号 U212 级潜艇下水，工程号为“361”。第二艘 Pipinos（S121）号和第三艘 Matrozos（S122）号等后续艇将在 HDW 的子公司希腊造船厂（HDW 在 2002 年 5 月并购）进行建造。2002 年 6 月，希腊海军订购第四艘 U214 级潜艇。希腊海军是德国潜艇制造业的传统客户，拥有九艘德国U209型常规动力潜艇。由于长期良好的合作关系，德国作出了重大让步，首次在国外许可装配生产该级潜艇，并同时无偿提供2艘S148型快速攻击艇供希腊海军使用。

韩国海军也同样在拥有九艘U209级基础上订购了三艘U214级，由韩国现代重工业公司建造。按照计划，韩国海军已于2007~2009年部署这3艘U214级潜艇。

U214级潜水深度超过400米，这主要得益于压力船体材料的进步。潜艇的声、热和磁信号都达到最小化，因此有着其他潜艇无法比拟的隐身性。增加的下潜深度和整体效率也让潜艇在运行上存在许多新优势。该级艇的主要任务是侦察、侦听和监视，它也能够通过隐蔽作战和布放水雷，攻击水面舰艇和潜艇。

八个鱼雷筒中的四个能够发射导弹。交付给希腊海军的U214级潜艇将同时配备“黑色鲨鱼”重型鱼雷。“黑色鲨鱼”是一种电推进双重用途线制导鱼雷，配备使用Asia主动/被动声头和一个多目标制导和控制单元，一个一体化反干扰系统。

U214级采用强化模块化设计，完全集成由两个质子交换膜燃料电池组成的燃料电池系统，因而具有更大的灵活性。标准的U214级紧凑型设计分为20多个模块，分别对应于不同的设备及性能特征。

U214级潜艇常规动力部分采用2台16V 396MTU型柴油机，功率为2000千瓦。AIP系统的性能增强，使用两套西门子PEM燃料电模块，每个模块产生120千瓦功率将会给潜艇提供长达两个星期的水面下持久力。潜艇外形经过进一步的优选来确定最佳特性，在流体动力学、隐形特性和低噪音方面结合，减少潜艇的声学信号。ISUS 90集成传感器水下系统由STN Atlas Elektronik公司生产，整合了所有潜艇上的传感器和指挥控制功能。U214级潜艇传感器组件由声呐系统、一个攻击潜望镜和一个光电桅杆组成。潜艇的电子支援措施(ESM)系统和全球定位系统传感器安装在光电桅杆上。英国宇航公司(BAE)系统提供 Link 11 战术数据链。

战事回响

纵横深海:仿生学推动潜艇发展

古往今来,人类从生物界获取的灵感创造了无数的科技成果,用于人类社会后产生了不可估量的影响与作用,甚至改写了人类的历史。但是这种模仿生物的行为一直到了 20 世纪中期才成为一门专业学科——仿生学。

仿生学是在 20 世纪中期发展起来的一门新的边缘科学。仿生学研究生物体的结构、功能和工作原理,并将这些原理移植于工程技术之中,发明性能优越的仪器、装置和机器,创造新技术。从仿生学的诞生、发展,到现在短短几十年的时间内,它的研究成果已经非常可观。仿生学的问世开辟了独特的技术发展道路,也就是向生物界索取蓝图的道路,它大大开阔了人们的眼界,显示了极强的生命力。

特别是在军事领域,以雷达、声呐为代表的仿生学军事科技的运用更是深深影响人类战争史与整个人类历史的发展进程。

潜艇,这个沉浮海洋之中的幽灵,自诞生至今已经发展成为海军舰艇家族的绝对主力。在潜艇的百余年发展历史中,便运用了很多仿生技术,从生物界中获取了宝贵的设计灵感。

想要建造潜艇,首先要解决如何下潜和上浮两道难题。为了解决这两道难题，人们开始向生物请教。后来，人们经过长时间观察和研究，发现僧帽水母具有充气的“浮鳔”，可以根据感觉细胞的控制充入足量的气体，使水母浮于水面。乌贼也是靠改变体内水的密度实现沉浮，它的浮室——海鳔鞘的孔隙里的水和气体，是按其游泳水深所需要的比例混合起来的。而鱼类是靠精巧的鱼鳔充气和排气实现沉浮。人们从这些水生物沉浮机制中得到启示，从17世纪初开始研制潜艇。最初研制出一种通过人力摇动，往水柜里注水、排水，以使其下潜、上浮的船。船体造型是模仿鳟鱼等鱼类，呈狭长流线型，以减少水的阻力。

19世纪人们发明了潜艇。但是最早的潜艇并非像现在这个样子。最初由于艇体结构不够科学，受水的阻力大，速度慢，功率低。后来，人们模仿海豚、鲸和鱼的体形结构，改进潜艇的设计。人们发现，海豚的游泳速度有70千米/小时。当它受到惊扰或者追捕其他动物时，速度可高达100千米/小时。人造潜艇要耗去90%的推动力克服海洋湍流阻力，而海豚只凭借流线型身体就能够以每秒13米的速度冲刺，轻而易举地在水中畅游。体重100多吨的蓝鲸游泳速度虽然不算快、正常时速5~7千米。然而，仔细计算，按照它的游泳速度，从技术上衡量，需448马力的动力，可实际上它大约只有60马力，效率多么奇特！抹香鲸不仅有极高的游泳本领，而且可潜入2200米的深海长达2小时。堪称哺乳动物中的潜水冠军，使先前的人造潜艇望尘莫及。通过不断的探索，人类最终找到了海豚畅游的原因，人们仿照海豚的体形轮廓和身体各部位比例，建造了一艘新式潜艇，航速提高了25%。

二战后，美国海军研究部门根据海豚皮肤的结构特点，找到一种接近海豚皮肤的人造材料，模仿海豚真皮层功能，仿制的“人工海豚皮”用于潜艇表面，还模仿鲇鱼表面分泌的黏液，制成高分子化合物,用来涂在潜艇、船壳上,可减少阻力50%,使潜艇的航速成倍提高。不久前,美国科学家又从鲸常用脊背撞开30厘米厚的冰层上浮得到启示,按鲸脊背的曲线对潜艇后上部指挥台的外壳进行最优化处理,并在硬度上采取相应的措施,这种潜艇能撞开90厘米厚的冰层,大大增强了潜艇的战斗能力。

此外,美国海军还模仿鳐鱼和电鳗的运动特点设计了一种新潜艇。它没有推进器,也没有垂直舵和水平舵,却用弹性皮代替潜艇的传统外壳。这种“皮”采用特别坚固的尼奥普林胶制成,全身分成17对磁性环节,附于弹性皮的里层,当有规律地通过电流时,潜艇的皮外壳就能一伸一伸地动起来,它在海水里前进时很难分辨是鱼还是船,从而使它既可以突然袭击敌人,又能巧妙地隐蔽自己。

潜艇尽管对海面舰船的生存构成了很大威胁,以至被称为“水中杀手”。但是,第二次世界大战以后,随着反潜武器的发展,潜艇的生存也同样受到了威胁。这主要有三点原因,一是艇内机器的运转会发生噪声,容易被敌人的声呐探测到;二是这种以特种钢材制作的艇体在运行时还会发射“红外线”,容易被探测到并受到热寻的鱼雷的攻击;三是运行中的潜艇还会有尾流并排出废气,很容易被安装了“电子鼻”的敌舰(机)发现。为此,潜艇的研究人员绞尽脑汁,力图克服这三个弱点。他们相继研制出“侦察声呐”“噪声干扰器”“气幕弹”“吸波设备”“潜艇模拟器”“诱饵”来干扰、欺骗敌人的侦测和攻击,但实践证明,效果都不十分理想。美国军事科学家于是另辟蹊径,开始研究新型潜艇——“皮动潜艇”。

之所以叫“皮动潜艇”,是因为这种潜艇艇体酷似动物皮肤,其运行特点和海豚、鳗鱼、鳐鱼相似。之所以萌生这样的想法,是他们在研究电鳗和鳐鱼时发现,鱼类潜游是用带子似的尾巴作有规律的运动，将周围的水拨开，利用水的汇流而推动身体前进。根据鱼类在水中潜游的原理，他们作了这样一个设想：能不能建造一种酷似鱼类的潜艇，用活动的"尾巴"作有规律的摇摆，从而推动潜艇前进。

这一设想在得到美国"五角大楼"的赞许后便开始了研制。由于这种"皮动潜艇"的外表由许多个环节组成，能不停地摆动，且没有推进器，没有垂直舵，也没有水平舵，仅靠全身的"皮"作有规律的摆动而前进，极少产生噪声，也不会产生固定不变的声回波，因而很难被敌人发现。

美国目前不愿意公开"皮动潜艇"的发展情况。据俄罗斯专家估计，这种皮动潜艇可能由一节节金属圆柱筒组成，金属圆柱筒体间由弹性材料连接，最后在整个潜艇外层包裹一层弹性皮。潜艇的摇摆，由贯穿潜艇艇体的弹性链带动，在弹性链的两边，各有一股力量拖绳，哪一侧拖绳的力量大时，弹性链便偏向哪一侧，整个潜艇艇体也将跟着偏向这一侧，从而潜艇艇体也跟着弹性链两侧拖拉力的周期性变化而变成有规律的摇摆来提供动力，潜艇便在"游动"中前进。有关专家指出，尽管"皮动潜艇"还在研制之中，而一旦这种潜艇研制成功，将为潜艇的研制带来革命性变化，根本改变潜艇战和反潜战的作战方式。对此，俄罗斯军事理论研究人员还为未来"皮动潜艇"参战作了这样的设想：当来自海面、空中的种种猎潜舰船、飞机在海上张开了反潜的天罗地网时，忽然，悄然无声的"皮动潜艇"潜游到敌人军舰下面的一侧，用次生波、激光、粒子束等无声武器，不留痕迹地将敌舰官兵杀死，然后了无踪迹地离开。

在仿生学启发下，英国科学家研制了一种可以靠尾鳍摆动以"S"形"游水"的潜艇，它比常规潜艇更快、更安静，机动性更好。

这种潜艇毋须使用螺旋桨和涡轮机，它靠一个由内部压力系统控制的尾鳍来推动，艇侧面和顶部的鳍则有助于潜艇准确移动和保持平衡。新式潜艇的主要创新之处是使用了被称之为“象鼻制动器”的装置。“象鼻”由一组用薄而柔软的材料做成的软管组成，模仿肌肉活动，推动鳍的运动。这种传动装置已成功应用于其他计划，用作机器人的机械手及步行器。

这个代号“可挠曲附板定位与稳定”的计划耗资20万英镑。计划如能成功，相关技术也可应用于水面船只。研究人员正在试验研究这种推进方法可提供潜艇的机动程度、续航半径和航速。

英国皇家海军和美国海军陆战队对这个计划都很感兴趣，因为这种新式潜艇可以充当水底扫雷潜艇，专门用来对付那些最轻微的声响或一干扰便会爆炸的水雷。

作为一种水下武器，海洋生物为潜艇的设计建造提供了无数的灵感，在未来的潜艇制造中，或许会运用到更多的仿生技术，这就需要对海洋生物作更多的了解和研究，以便将所获的启示用于潜艇的设计与建造。